高等院校服装专业教程

服饰形象设计

郭 丽 编著

西南师范大学出版社

高等院校服装专业教程

服饰形象设计

前言

"即使我们沉默不语,我们的服饰与体态也会泄露我们过去的经历。"

——莎士比亚

迈进全球化和现代化的时代,世界各国之间的交流愈加频繁和重要,拥有赏心悦目的自身形象不仅能充分体现个人外在的美,亦能最直接反映穿着者内在的品位、气质、个性与修养。同时,也标志着一个国家和民族的经济实力及文明素养的发展水平。

美丽形象的塑造离不开设计,自 2004 年国家劳动和社会保障部门发布了形象设计师职业以来,形象设计师正式成为我国社会中的新兴职业,人物形象设计也受到时尚群体的推崇。人物形象设计是一门综合性的艺术学科,其中服饰要素占据着很大视觉空间,服饰也是形象设计中的重头戏。《服饰形象设计》作为一本专业教材,紧紧围绕女性完美形象的塑造与服饰的关系,系统地阐述了服装色彩、造型特点、服饰风格的基础知识和巧饰方法,以及化妆造型技巧、服饰搭配规律、职场礼仪规范和专题设计及实际应用等重要内容。教材编著中力求结构层次清晰、概念明确、简明扼要、图文并茂,教学实例演示偏重应用层面和实践环节,具有较强的实用性和可操作性。通过对《服饰形象设计》的学习,可以逐步提高形象设计师的综合设计能力和专业水平,逐步提升"打造自我魅力指数"掌控能力。

本书由武汉纺织大学郭丽编著;范玉婷、杨阳、孙娜、刘艳华积极参与图片的绘制和整理;周怡文、杨逸康、张培培、汤晓积极参与人物化妆工作;武汉 YS 摄影工作室承担拍摄工作,在此一并表示感谢!本书在编写过程中参考了国内外相关的论文、专著及图片,在此也一并表示感谢!由于编者水平所限,不当之处在所难免,敬请专家和读者批评指正。

编者

高等院校服装专业教程

服饰形象设计

目录

第一章　服饰形象设计概论

教学目标及要点

课题时间:2 学时

教学目的:解析服饰形象设计的起源、发展及概念;了解服饰形象设计师工作的主要内容,展望服饰形象设计行业的发展前景;培养学习者对《服饰形象设计》课程的学习兴趣。

教学要求:推广因人而异、着力个性美设计的理念;课堂模拟与人沟通交流的场景,从而了解顾客的预期心理目标;自行设计顾客基本信息表。

课前准备:对服饰品牌有一定了解,具备服装设计学的基础知识。

日新月异的 21 世纪是信息高速传递的时代,在各界文化交融互存的大环境中,个人的外在形象和内在涵养愈发引起人们的重视。人们用服饰装扮彰显个性魅力、体现自身价值与社会地位的行为也日益受到了重视,人们意识到即便是在日常生活或工作中,个人服饰形象也有着不可忽视的作用。

心理学家研究发现,人们第一形象的形成是非常短暂的,有人认为是见面的前 40 秒,有人认为是前 7 秒或是一眨眼的工夫,就可定型而论了,甚至有时几秒钟就会决定一个人的命运。在心理学上,第一印象被称为"首因效应"。形象决定未来,在当今竞争激烈的社会中,一个人的形象远比人们想象的更为重要。

(一)个人形象设计的起源与行业现状

个人形象即社会公众对个体人的整体印象和评价,它是人的内在素质和外形表现的综合反映。服饰是表达个人形象的外在符号,它包括服装、饰物以及一切身体外部的装饰物,蕴含着装饰打扮的手段及技巧,是个人形象设计中的重头戏。

"形象设计"这一概念源自舞台美术,后来被时装表演界人士使用,用于时装表演前为模特设计发型、化妆、服饰的整体组合,随即发展成为特定消费者所做的相似性质的服务。

个人形象是个体人在社会环境中的非语言性的信息窗体媒介,是身体的人、心理的人、社会的人的综合反映。

1950 年,在美国社会各阶层中,尤其是工商企业界和政界人士,对于自身的信誉十分重视,人们开始有计划地塑造良好的个人形象。如今的美国,形象设计已经是与商业紧密结合的产业,其设计形态已达到生活设计阶段,即以人为本,以创造新的生活方式和适应人的个性为目的,并对人的思想和行为做深入的研究。我国形象设计行业起步较晚,直到 20 世纪 80 年代末才出现从事形象设计工作的人员。早期一般是由美容、美发、化妆、服装、配饰设计等职业中分流出来的业余人员,2004 年原国家劳动和社会保障部发布了形象设计职业正式成为我国社会中的新职业后,各大专业院校才成立相关的专业教育方向,逐渐从业余到专业培养复合型人才,从擅长一门(或化妆、或美发、或服装、或饰品)到注重整体设计,取得了长足的进步和社会的认同。

如今,形象设计是极具发展潜力的朝阳行业,具有多元化的市场需求。其市场需求架构不仅包括个体消费者,还包括化妆美容用品公司以及服饰厂商、时尚广告行业、时尚杂志、文化咨询部门等,涉足领域广,涵盖面大。中国的人物形象设计业和国外相比虽然起步较晚,但是随着人们对美丽的追求和时尚的领悟意识的增强,市场需求也越来越大,形象设计职业也越来越受欢迎。

(二)解析形象设计职业的性质

在历史发展过程中,人类对"自身形象的美化意识"最早促使了"化妆"的出现,通过在人体上描绘、涂抹各种颜色及图案来达到一种特殊的视觉美感、图腾崇拜、驱虫护体或其他目的。随着社会的进步,"服饰""美发""美容(主要是指护理保养)""美甲"等人体美化行业也逐渐加入进来,使得与美化人体形象相关的社会职业分工越来越细化。而服饰形象设计师则是以服饰装扮为个人形象做美化工程的核心环节,也可以说是各相关职业的整合环节。

从职业性质角度分析,形象设计师与化妆师、美容师三者都是以"人"作为其服务对象,以改变"人的外在形象"为最终目的。他们之间的主要区别在于:美容师的主要工作是对人的面部及身体皮肤进行美化,主要工作方式是护理、保养;化妆师的主要工作是对影视、演员或普通顾客的头面部等身体局部进行化妆,主要工作方式为局部造型和神、色、韵的设计;服饰形象设计师的主要工作是以服饰搭配为手段,遵循着装 TPO 原则,针对不同人物的化妆、发型、服饰、礼仪、体态语言及周边环境等众多因素进行整体组合,主要工作方式为综合设计。

服饰形象设计可以理解为以人为核心,以展示个性魅力为目的,以服饰色彩、服饰款式、配饰等要素为主要手段,依据不同的需求打造个人外在形象美的一种新型的人物造型艺术设计学科。

现代人希望通过自身的形象设计表现美,更渴望通过自身的服饰形象得到周围人群的肯定和赞许,提升个人魅力指数。正是这样的需求促使服饰形象设计职业的产生和发展。服饰形象设计职业特点就是与时代精神相结合,以丰富的服饰语言为表现方式,结合发型、妆容、配饰等其他造型要素,充分满足穿着者在不同的环境需求下呈现出最完美的个人形象。

一 服饰形象设计的基本概念

服饰形象设计隶属于个人形象设计的范畴,是个人形象设计的主要组成部分,着重点在于借助"服"与"饰"对个体的人进行个性化审美设计,以充分发挥服饰形象设计在人物形象修饰、塑造与表达中的重要作用,是消费者根据自身客观与主观的需要,在服饰相貌和艺术情感上进行系列塑造的一种手段,这与通常意义上的服装设计和服装造型有所不同。

服饰形象设计有着独特的设计方法和操作模式,从所涉足的范围和本质意义上来分析,它属于人物整体形象设计中的一部分。首先,它必须服从于规划中的整体形象风格,并以此为设计构思的基础、前提、方向来进行服装的选择、搭配和饰品的装饰;其次,还需要与发型、化妆进行融通和协调,其主要表现在色彩的选择和搭配应与发型、化妆色形成对比、调和、协调、统一的关系。款式的造型风格应与发型和化妆的风格在具有各自鲜明特色的基础上形成多样统一,以及在整体形象的视觉亮点上形成集中统一并产生视觉美感的放射性作用。所以,在进行服饰形象设计时,形象设计师应与发型师和化妆师统一风格,相互沟通,使服饰形象设计在统一、协调中去释放其独特的风采和对人物形象的艺术塑造,并最终形成完美的服饰形象设计方案。

随着社会的快速发展,人们对个人形象设计的需求不断提高,对服饰形象设计师的要求也更全面,从色彩诊断、风格诊断到设计策划、日常形象管理等各环节都要有准确的把控能力。服饰消费群体对服饰形象设计的理解是以人为主体,结合个体自身特有的色彩、线条、风格、气质、职业、喜好以及服装流行趋势等要素,巧妙地将各种服饰品加以组合,本着扬长避短的原则,运用服装设计、化妆造型、社交礼仪规范等手段对个人整体造型进行分析、设计和策划,达到集舒适、合理、美观于一体的穿着效果。较好的服饰形象设计既能充分体现穿着者外在的美,亦能最直接反映穿着者内在的品味、气质、个性和修养。通过对服饰形象设计原理的学习,逐步提高相关方面的专业知识,培养高水平的专业人才。

现代服饰形象设计师要善于运用各种设计方法,对人的整体形象进行再塑造。目前,服饰形象设计师从事的工作主要包括两个层次:

一、为普通消费者或特定客户提供化妆设计、发型设计、着装指导、色彩咨询、美容指导、摄影形象指导、体态语言表达指导、礼仪指导或陪同购物等。

二、为时尚杂志社提供服饰版块或为封面人物提供整体造型设计方案;为时尚发布会或秀场模特提供形象造型;为电影、电视剧角色的造型定位提供设计等相关工作。

故然,21 世纪的服饰形象设计师应具备包括色彩、化妆、发型、服饰搭配、礼仪、美容保养、服装设计和个人形象设计等多方面的专业知识。其一,具备敏锐的观察和目测能力,即目测人与生俱来的肤色、发色、瞳孔色等身体色的基本特征和人体身材轮廓、量感、动静和比例的总体风格印象;其二,具备科学的分析与策划能力,即通过专业诊断工具测试出人的色彩归属与风格类型,找到最合适的服饰颜色、款式、搭配方式和各种场合用色及最佳的妆容用色、染发用色等,通过咨询指导方式帮助人们建立和谐的个人形象;最后,服饰形象设计师不仅要具备专业的色彩顾问知识,同时还要具备突出的审美能力以及对时尚潮流的分析能力,兼备色彩顾问、风格解析、服装搭配、化妆造型等多方面专业能力。

全球经济一体化的趋势促使经济水平不断提高,人们的生活质量日益向现代化、高标准发展,越来越多的普通大众开始认识到个人形象的重要性。对美的追求是人类的天性,真正的形象美在于充分地展示自己的个性,因而创造一个属于自己的、有特色的个人整体形象才是更高的境界。人们对美的关注也不再仅仅局限于一张脸,而是从发式、化妆到服饰搭配、个人言行举止和内涵修养的综合层面上。正是人们不断变化的审美观和审美需求推动了服饰形象设计的发展,通过系统的、专业的服饰形象设计使人们的自我形象更得体、更合理、更适用,从而形成趋于完美的个人形象,获得理想的社会形象和人文精神面貌。

二 服饰形象设计的功能作用

在追求个性表达的年代,服饰形象设计作为一门新兴的综合造型艺术学科,正走进我们的生活。无论是政界要人、大款、明星,还是平民百姓,都期盼以一个良好的个人形象展示在公众面前。

人在陌生环境的交往中,往往可依据个人的举止仪表和穿着服饰推测出其身份地位、兴趣爱好、修养程度。衣着服饰在某种程度上被赋予了一定的社会意义,它是一种无声的语言,比谈吐动作更具表现力。西方学者雅伯特·马伯蓝比(Albert Mebrabian)教授研究得出形象沟通的"5/53/87"定律:在社会交往中,旁人对你的第一印象十分重要,其中有 5% 取决于你真正谈话的内容;有 53% 在于辅助表达这些话的方法,也就是口气、手势等;却有高达 87% 的比重决定于外表、穿着、打扮。(图 1-1)可见,对于个人的事业和生活来说,外在形象有着举足轻重的作用。

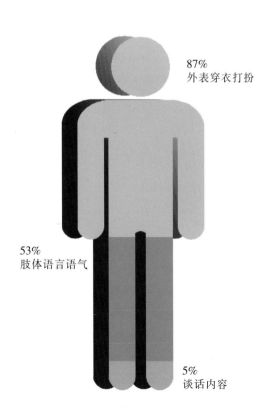

87%
外表穿衣打扮

53%
肢体语言语气

5%
谈话内容

图 1-1 形象沟通 "5/53/87" 定律比例图

(一)服饰形象设计有助于正能量的传递

1. 有助于自信心的提高

成功的着装能让人拥有自信,通过调查显示,大部分人是缺乏自信的。这种自信的缺乏,或者是由于对自己的才能和成就不满,或者是由于对自己的外表不满。对自我成就或外表不满者,光鲜靓丽、大方得体的服饰形象可以积极地调整其态度,增加其社会成就感,它有强烈的暗示作用,在心理上暗示自己表现得要如同自己的服装一样出色。而服饰的最大心理暗示功能是能帮助人们建立自信,使穿衣者沉着自如、优雅得体,并在各种场合下保持镇定自若的状态。智慧的人常利用服饰来增加自己的魅力指数,让自己表现得更加魅力十足、绚丽非凡,散发积极乐观的正能量。

2. 有助于个性的表达

每个人都是独一无二的个体,身高、体重、肤色、个人爱好、兴趣、文化修养的不同,形成不同的个性表现。个性化的形象是大多数人的真实需求,每个人的形象都可以被看作是一个视觉符号,这个符号越是与众不同,就越容易引起关注,越容易被识别、被记忆。若想从众人中脱颖而出,除了内在的修养、气质、才华,外在形象也起到了不可忽视的作用。日常生活中个性化的服饰形象设计要平衡好尺度,根据每个人不同的体态特征、肢体习惯、思维方式、兴趣、爱好、修养、职业、年龄等进行服饰形象设计策划,突出优势、彰显个性、呈现出自身特有的视觉符号是人们追求美的目标。服饰形象的个性美是服装的外在形式与着装者内在精神和谐统一的结果。

(二)服饰形象设计有利于个人价值的体现

1. 有助于信息的传递

在现实生活中,服饰形象作为显著的人际交往信号,向社会提供了一个人的大量信息,甚至是可替代用语言无法精确传递的一种微妙信息的有力工具,它是文明社会人们交流沟通的重要手段。正如美国一位服装史学者所言:一个人在穿衣服和装扮自己时,就像在填一张个人信息调查表,似乎就如填写上了自己的性别、年龄、民族、宗教信仰、职业、社会地位、经济条件、婚姻状况、为人是否忠诚可靠、在家中的地位及心理状况等信息。如白领女性的着装时尚而干练,人民教师的着装舒适而稳重,银行职员的着装亲民而庄重,节目主持人的着装优雅而大方,农民的着装质朴,商人的着装精明,学者的着装洒脱,医者的着装标志着仁心……

2. 有助于提高事业成功的指数

中国有句俗话"人靠衣装马靠鞍",说明了着装的重要性。现代社会,人类的社交活动越来越频繁,求职面试、生意洽谈、公开演讲等,"注意力经济"被越来越广泛地应用,人人都需要把自己最优秀的一面呈现在别人面前。符合身份、场合的服饰可为个人形象增辉,长期持续会带来丰厚的回报,亦是获得职场生存和发展机会的一种智慧投资,可让个人形象美的价值积累,让人脉价值增值。同时,通过外在的服饰形象表达出自己内心的强大,为职场之路增添筹码。

三 服饰形象设计的构成要素

服饰形象设计并不仅仅局限于适合个人特点的服饰、化妆和发型,也包括内在性格的外在表现,如气质、举止、谈吐、生活习惯等综合条件的协调设计。从这一高度出发的形象设计,决非化妆师、发型师或服装设计师的单一能力所能完成的,它需要结合专业形象设计、服装设计、色彩理论等全面的知识与实践经验。服饰形象设计师应立足于培养个人审美品位、提高文化内涵修养,提升个人的气质和风度,结合不同年龄、职业、阶层、场合为客户或消费者量身定制赏心悦目的形象设计策划方案,助其打造出完美的个人形象并进行良好的日常形象管理。

服饰形象设计要素主要由四大块构成:其一,人体要素;其二,服装要素;其三,化妆造型要素;其四,礼仪规范要素。(图1-2)服饰形象设计师必须熟习这四大构成要素,并具备综合运用的能力。

(一)人体要素

服饰形象设计是以个体人为核心,一切围绕人进行设计。每个人都有着自身独特的色彩、线条、风格和喜好,要做好服饰形象设计及管理,首先必须了解个体人的特点,为其做四季色彩诊断并确定最合适的专属色彩群;其次要做风格诊断,确定个体人的身体线条特征和着装风格,并且依据着装喜好、人体优缺点来调整设计;最

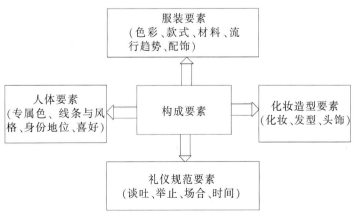

图1-2 服饰形象设计构成要素

后，要了解其身份、地位、职业、喜好和禁忌、出席场合等信息，这样方能为其策划出完美的整体形象设计方案。因此，培养一名专业的服饰形象设计师，首先需要培养其观察力、理性分析能力以及与人沟通的能力，从而获得较为准确的第一手关键资料。

(二)服装要素

服装要素，包括风格、色彩、图案、廓形、面料、配饰、流行元素及细节等，还包括以上诸多要素与人体之间的协调关系以及如何运用、组合各服装要素，为人的外在美提供扬长避短的设计方案等。因此，在这方面对服饰形象设计师的服饰搭配能力和时尚敏锐能力有较高的要求。

(三)化妆造型要素

化妆造型要素，包括化妆技巧和发型设计。主要针对人的头部及面部五官进行美化设计与打造，结合发型、头型、五官特点、身份、着装需求等条件的限制，最大限度地展现出美丽的个体形象，是对服饰形象设计师人物造型能力的专业素养的考验。

(四)礼仪要素

礼仪是个人美好形象的标志，是一个人内在素质和外在形象的具体体现，是内强素质外塑形象的展现。礼仪要素包括着装礼仪规范、仪容仪表、待人接物、言行举止等方面以及出席场合的相关要求。它与以上三要素共同提升个人魅力指数。

思考与练习

1. 深入了解顾客，真实填写个人基本信息资料。参考表 1-1，也可自行设计表格。

2. 为顾客准备进行服饰形象设计前的个人生活照片的拍摄和留存工作，共同商榷顾客心目中所向往形象的照片，为后期形象设计策划做参考。可借鉴图 1-3 目标形象，作为模板。

表 1-1　个人基本信息资料

姓名		与名字相关的诗句	
姓名的由来			
故乡		目前生活的地方	
身高(cm)		体重(kg)	
发型			
眼睛			
外貌中最值得骄傲的部分			
最喜欢的书籍			
最喜欢的饮食			
最喜欢的糕点		价格	
最喜欢的歌手/组合			
最喜欢的运动			
最喜欢的游戏			
最喜欢的话(三句以上)			
座右铭或信条			
最喜欢的人或历史人物			
最喜欢的事或功课			
最喜欢的电视节目			
最有信心做好的事			
最擅长的学习科目			
最擅长的娱乐			
最擅长的料理			
最擅长的运动项目			
闲暇时喜欢做的事			
爱好		特长	
喜欢收集			
在　　　　　(好的方面)很特别			

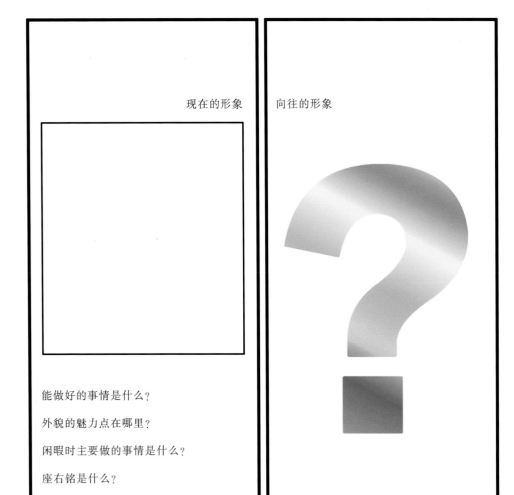

现在的形象　　向往的形象

能做好的事情是什么？

外貌的魅力点在哪里？

闲暇时主要做的事情是什么？

座右铭是什么？

喜欢什么？

图 1-3　目标形象

第二章　女性审美标准的差异与巧饰

教学目标及要点

课题时间:4学时

教学目的:比较古今中外女性审美差异;了解不同时代对女性美的不同认识;对照当代人的审美标准,观察不同人物的脸型和五官的特点,分析其外貌的优缺点并提出扬长避短的修饰方法。

教学要求:在夯实理论的基础上,在课堂开展大量的现场互动分析模式,调动学生的主动性,积极参与实际操练,培养敏锐的观察能力和分析能力。

课前准备:查阅中外历史图文资料,收集各时期女性美的代表人物。

爱美之心人皆有之。在中国历史上,古代有貂蝉、西施、王昭君和杨贵妃(图2-1),四大美女具有"闭月羞花之貌,沉鱼落雁之容";在现代人眼中有唇红齿白、浓眉大眼、秀外慧中等不同审美角度。可以说,人们从来没有停止过对美丽的追求。不同的民族、国家、时代和文化产生了不同的审美标准,但无论怎么迥异,美都包含两个方面,即内在美和外在美。二者都是审美主体对审美客体的认识内容,不同的是,外在美可以直观把握,而内在美则需要在间接的审美过程中逐步展现才能为人所认知。内在美主要是指有正确的人生观和人生理想,这是人的内在美的核心;高尚的品德和情操,亦是人的内在美的重要内容;丰富的学识和修养,也是人的内在美所不可或缺的。

一 女性形象美差异观

外在美又称形象美,包括生理、表情、语言、动作、服饰打扮、衣着、发型、言谈举止给人的感受,身高、体重、曲线、三围等方面的协调程度。

(一)东方女性形象审美标准

1. 中国古代人物审美意识的变迁

不同的民族和时期,人们的审美标准有所不同,如图2-2所示为中国古代女性美的标准:先秦时期崇尚自然之美,秦汉时期崇尚庄柔之美,魏晋南北朝崇尚逸雅之美,隋唐五代崇尚丰腴之美,宋元时期崇尚纤弱之美,明清时期崇尚刚柔消长之美。人物审美意识受到特定时代的物质条件、社会关系以及政治、哲学、文化、艺术等思想的影响和制约。

图2-1 中国古代四大美女

（1）先秦时期：崇尚自然之美

"清水出芙蓉，天然去雕饰"，这句诗是大诗人李白的名句，反映出先秦时期人们欣赏女性的审美观，即自然朴素之美。西施是先秦时期自然朴素美的典型代表人物，"西施衣褐而天下称美"说的是西施因家贫常穿粗布衣服，但仍掩不住她的天然朴素之美，人们形容她是"颜如玉，肤胜雪，细腰若柳，青丝如瀑"，也被作为古代美女的代称。

（2）秦汉时期：崇尚庄柔之美

端庄顾硕之美，本是汉代宫廷选美的正统妇容标准，即"姿色端丽，合法相者"。但汉代的风流帝王们却喜好能歌善舞、仪态万千的纤柔女性，崇尚纤柔之美。高祖刘邦最宠爱的戚夫人就是能歌善舞的美妇；汉武帝刘彻的皇后卫子夫及"北方有佳人，绝世而独立"的李夫人都是纤柔俏丽善舞的人；汉成帝的皇后赵飞燕、昭仪赵合德更是以纤细娇艳著称，尤其是赵飞燕体态纤美，轻盈如燕，相传其能在掌中起舞，故称"汉宫飞燕"。她们都算得上是古代的舞蹈艺术家，是体态婀娜、舞姿美妙的绝色女子。

（3）魏晋南北朝：崇尚逸雅之美

伴随玄学与佛教的流行，魏晋时期出现了多才善辩、飘逸风雅的女性之美。如东晋才女谢道韫就是多才善辩的女性代表。在"竹林七贤"的"林下风气"影响下，飘逸风雅之美成为魏晋时期的主流审美标准。曹丕称帝后封甄氏为皇后，甄氏不仅姿貌绝伦、气质非凡，而且才智过人，是魏晋时期女性飘逸风雅之美的典型代表。晋武帝的选美标准是：入选美女必须是出身显贵的未婚女子，而且"美貌、高个、肤白"。宫廷妇女以飘逸富丽为美，民间士族妇女则追求飘逸淡雅之美。

（4）隋唐五代：崇尚丰腴之美

隋唐的选美标准以"美貌、高个、肤白"为主，隋炀帝采选民间童女的标准是"姿质端丽者"。盛唐时期，人们的审美情趣产生了微妙变化，开始崇尚丰腴肥硕的女性形象，这可从唐代仕女图与雕塑中的妇女形象得以印证。武则天生得"方额广颐"，宽宽的额头，丰满圆润的面颊，是一位丰满健硕的美女；唐玄宗的贵妃杨玉环则是古代最著名的胖美人，是古代丰腴肥硕、雍容华贵之美的象征。

（5）宋元时期：崇尚纤弱之美

宋代以后，由于国势不振，纤柔病弱之态成为女性美的主流，造就大批温柔贤淑、娇羞无力的"病美人"。宋代皇帝选妃子出现重德轻色倾向，大多选自高官显贵之家，后妃们恪守礼教，温柔恭顺，庄重寡言，以美貌出众得宠而被封为后妃的为数极少。北宋中期，缠足自宫廷传至民间，于是，弱不禁风的小脚女人成为女性美的典范。到了元代，缠足更加盛行，"三寸金莲"等小脚代名词常见于元人词曲之中，甚至出现崇拜小足的拜脚狂。

（6）明清时期：崇尚刚柔消长之美

"牌坊要大，金莲要小"是明清时期人们对女性道德美与形体美标准的形象概括。上层统治者极力倡导女性贞节与缠足，小脚成为女性美的第一标准，没落文人中出现小脚癖与拜脚狂。直至清代后期才产生反缠足思潮，萌生健美的女性美观念，形成刚健与柔弱两种审美情趣的此消彼长。明清两朝人眼中女子"柳腰莲步，娇弱可怜"是最美的。明代宫廷选美讲求"德容兼具"，且所选后妃多出身于民间贫寒之家，以此助帝王厉行节俭。明代虽重妇德，但美貌（含小脚）仍是选择后妃的最重要标准。

2. 中国现代女性形象美审美标准

中国传统美女的标准是：饱满的瓜子脸，眉毛细长如弯弯的新月，四肢和手指纤巧，皮肤细腻，白里泛红。常以

图2-2　中国古代女性美的标准

"丰胸肥臀""窈窕佳人""骨感美人""面带桃花"来形容不同体态风貌的美人，外貌成了评价美女的重要标准之一。随着时代的进步和社会的发展，人们对美女的定义也悄然变化，多用"白领丽人""气质美女""知性美女"这些词语来形容，这充分说明了人们从对外表的重视逐渐倾向于对后天修养的重视和赞扬，如杨澜、蒋雯丽都是符合现代人审美标准的知性美女。

(二)西方女性形象审美标准

在西方国家，人们对容貌的审美标准可用"高鼻深目"形容。在西方有崇尚椭圆形脸，平滑的额头，笔直挺起的鼻梁，扁桃形眼睛的传统。

文艺复兴时期，意大利画家达·芬奇和拉斐尔等笔下的女人带有某种严肃的美。在达·芬奇看来，面部形象应当是脸部最宽处等于唇至发际距离的长度；嘴的宽度等于唇到下颌距离的长度；唇到下颌的距离是脸长的1/4；两眼之间的距离等于一只眼的宽度；耳内的长度与鼻子的长度相等；鼻梁正中到下颌的距离为脸长的1/2等。《蒙娜丽莎》的神秘微笑使多少人为之倾倒，她除了有双最美的手外，还有母性般的温柔，如图2-3所示。

上世纪40年代，美国影星玛莉莲·梦露(图2-4)那迷人并带有孩子般调皮的神情，在人们心中经久不衰，以至当今各个年龄段的女性都以她为美容的样板。如今，人们认同"健康即是美"的观点。美国人眼中的标准美女：丰满、肉感、有个性。因而，对美国人来说，一条破旧的牛仔，一双灰黑的运动鞋，加上一双幽蓝的眼睛，黝黑的皮肤、丰满的身材、苗条的细腰是构成美的重要因素。在仪表上，发型的要求最高，它可以凸现个性，因此，不管怪诞还是优雅的发型，都有不同的美。与发型相比，唇妆和眼妆次之，嘴唇饱满、性感是首要考虑，眼妆则须表现眼睛的妩媚和明亮。在性情上，须开朗、幽默、风情，例如，安吉丽娜·朱莉的自由奔放。

英国人眼中的标准美女必须是会化妆，具有贵族气质、贵妇式的女人。在内在方面，做事稳重，既掌握分寸，不紧不慢，又有端庄、严肃的气质。在外表方面，性感而庄重。在外在方面，必须每天坚持化妆，保持良好的、一丝

图2-3 蒙娜丽莎

图2-4 玛莉莲·梦露

不苟的外部形象:头发整齐、胸部丰满、樱唇美艳、大腿修长。例如,英国女星艾玛·沃特森被时尚杂志评为"五官最完美的女星",她才色兼备、复古而不失新潮。

法国人眼中的标准美女:韵味十足的女人,举止严谨、服装雅致得体、与人交往讲究语言艺术、语调优美有魅力、待人接物有风度、脖子挺直有力度、腰细丰满、浪漫优雅、甜美多情。如法国美女苏菲·玛索,她有着一双清澄、忧郁的褐色大眼睛,让世界为之倾倒。这位"法国最漂亮的女人",兼有西方人的性感、东方人的神秘,浑身散发出一种魅力不可动摇的迷人气息。

人们在对自然美、社会美、艺术美,乃至人体美、人性美、人格美等不断探索的历史过程中,也按照美的规律不断地塑造自己。当某种感知变得迟钝或失去新鲜感时,便产生审美饱和,于是,在寻求新的事物中产生新的审美意识或标准。因此,在历史的车轮中,审美意识(标准)被打上了深深的时代烙印。

二 脸部与头部的审美标准

脸部是由覆盖在面部骨骼表面的面部肌肉形成的外观。
脸部五官的位置最重要的是互相的比例关系。例如,三庭五眼、三点一线、四高三低等。

(一)脸部及五官的审美标准

相貌俊俏,主要是取决于脸部五官的比例是否协调,而中国古代画家画人像时总结出来的"三庭五眼"则精辟地概括了面部的标准比例关系,即脸部长与宽的比例关系,国际上通称为面容的"黄金分割"——1:0.618。(图2-5)

"三庭"是指将面部纵向分为三个部分:上庭、中庭、下庭。上庭是指从发际线至眉际,中庭是从眉际至鼻底线,下庭指从鼻底线至颏底线。如果"三庭"正好是长度相等的3等份,那么这样的面部纵向的比例关系就是最好的。

"五眼"是指以自己的一只眼睛的长度为衡量单位,在面部横向分为5等份。

"三点一线"是指眉头、内眼角、鼻翼三点构成一条垂直直线。

"四高三低"是指作一条垂直的通过额部—鼻尖—人中—下巴的轴线,在这条垂直线上,"四高"即额部、鼻尖、唇珠、下巴尖。"三低"是两个眼睛之间,鼻额交界处必须是凹陷的;在唇珠的上方,人中沟是凹陷的,美女的人中沟都很深,人中脊明显;下唇的下方,有一个小小的凹陷,共3个凹陷。

在现代人的审美意识中,椭圆脸型(也称鹅蛋脸)是最完美的脸型。其特征描述为:面部的长与宽

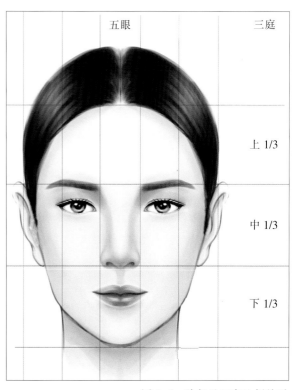

图2-5 脸部及五官比例关系

的比例为4:3,前额宽于下颚,突起的颧骨柔顺地向椭圆的下巴尖细下去,如图2-6所示。

(二)不同脸型的特点及轮廓修饰技巧

脸型是指面部的轮廓。脸的上半部分由上颌骨、颧骨、颞骨、额骨和顶骨构成圆弧形结构,下半部分取决于下颌骨的形态。脸型的分类方法较多,主要有形态划分法(圆形脸型、椭圆形脸型、方形脸型、长方形脸型、正三角形脸型、倒三角形脸型、菱形脸型)和字形划分法(国字形脸型、目字形脸型、田字形脸型、由字形脸型、申字形脸型、甲字形脸型、用字形脸型、风字形脸型)等常见分类法。此外,因人的脸型是一个立体的三维图像,从侧面观察脸型轮廓,也可以分为下凸形脸型、中凸形脸型、上凸形脸型、直线形脸型、中凹形脸型、和谐形脸型。接下来将以常规的形态划分脸型来解析不同脸型的特点及轮廓修饰技巧。

1. 圆形脸型(图2-7)

特点:可爱、显年龄小;扁平、大,缺少立体感、气质感。

化妆时修饰技巧:阴影打在脸的两侧以及颧骨下方的凹陷处,加强额头与下巴的提亮,起到拉长脸型的效果。着装时宜穿宽大、开领较深的V字领,或长项链、长围巾等装饰。

2. 方形脸型(图2-8)

特点:给人稳重、可靠、正直的感觉,但线条过硬、过于严肃、成熟。

化妆时修饰技巧:在额头两侧、两腮部打阴影,重点提亮下巴。

3. 长方形脸型(图2-9)

特点:有立体感、精神、干练,但缺乏亲和力,显成熟。

化妆时修饰技巧:在额头及下巴纵向打阴影,加强脸颊及颧骨下方凹陷处的提亮。

4. 正三角形脸型(图2-10)

特点:威严、富态、但显老气。

化妆时修饰技巧:阴影打在两腮部,加强下巴的阴影以及整个额头的提亮。

图2-6 椭圆脸型

图2-7 圆形脸型

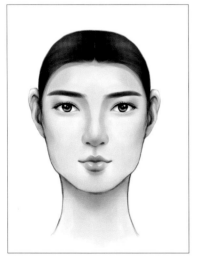

图2-8 方形脸型

图2-9 长方形脸型

图2-10 正三角形脸型

图 2-11　倒三角形脸型

图 2-12　菱形脸型

5. 倒三角形脸型(图 2-11)

特点:精神、机巧、略显小气。

化妆时修饰技巧:额头两侧打阴影,脸颊提亮。

6. 菱形脸型(图 2-12)

特点:精明、干练,但会使人感觉刁钻、泼辣。

化妆时修饰技巧:阴影打在颧骨上,整个额头及颧骨下方的凹陷处提亮。

(三)不同脸型适合的眉形

眉形的变化能为脸型起到显著的修饰作用,一般常见眉形分为:柳叶眉、拱形眉、上挑眉、平直眉。(图 2-13)眉形的曲直变化、长短变化、高度变化、粗细变化能巧妙地配合不同的脸型取长补短。

1. 圆形脸型,适合弯挑眉。描画时一定要有弧度但不一定太大,不宜过长,整个眉形略粗,眉头眉腰粗,眉尾细,使视觉集中在中间,让脸小一点。

2. 方形脸型,适合直挑眉。描画时可以略粗,不宜过长。

3. 长方形脸型,适合平直眉。描画时略长略粗,线条柔和,颜色淡。

4. 正三角形脸型,适合平直眉。描画时略长,拉宽一下上额。

5. 倒三角形脸型,适合拱形眉。描画时符合线条走向,可稍宽,适当拉长。

6. 菱形脸型,适合拱形眉。

(四)不同脸型适合的唇形

1. 圆形脸型:切忌小圆唇,唇形略大,唇角略尖,线条略直,唇峰勿太圆。

2. 方型脸型:唇形略大,线条柔和,唇形要圆润,下唇不宜过厚。

3. 长方形脸型:唇形略小,可以略厚,线条圆润,颜色柔和。

4. 正三角形脸型:唇形大,下唇不宜过厚,线条柔和,颜色略浅。

5. 倒三角形脸型:唇形略小,线条柔和,圆润。

6. 菱形脸型:唇形略小,可略厚,线条圆润柔和,颜色要柔和。

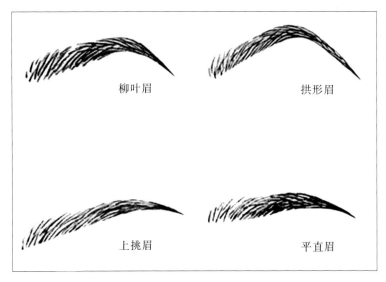

柳叶眉　　　　　拱形眉

上挑眉　　　　　平直眉

图 2-13　眉型

(五)不同脸型适合的腮红

1. 圆形脸型:斜扫,位置略高,重点在外轮廓、太阳穴到鼻翼(外轮廓)、鼻翼到太阳穴(内轮廓)的位置。

2. 方形脸型:斜扫,位置略高,重点在内轮廓的位置。

3. 长方形脸型:来回横扫,位置略低,颜色偏淡。

4. 正三角形脸型:斜扫,位置略低,重点在内轮廓的位置。

5. 倒三角形脸型：略微倾斜扫三角，位置略高，重点在外轮廓的位置。

6. 菱形脸型：在颧骨上做环形涂抹，重点在颧骨最高的位置。

三　发型巧饰脸型

（一）脸型与发型设计

1. 圆形脸型

圆脸和方脸一样，都是额头、颧骨、下颌的宽度基本相同，最大的区别就是圆形脸比较圆润丰满，不像方形脸那么方方正正。年纪小时这种脸型很讨人喜欢，但长大后尤其是工作以后，这种脸型经常让人误以为过于年轻、缺乏经验，对其工作能力产生怀疑，因此不少拥有这种脸型的职业女性为此很是苦恼。

此种类型的脸，上下的长度和左右的宽度差不多，给人一种可爱而不成熟的感觉。因此，其发型设计重点在于两侧的线条要向上修剪，头顶要弄蓬，才不会让脸显得太圆。忌齐刘海，刘海需要长过颧骨的斜刘海。另外，刘海要从发梢削薄，体现出尖锐感为宜。

留长发的话，宜用中分缝，使头发偏向两侧流下，使圆脸具有成熟的印象。适合的发型是两边削薄，挽到后脑勺，适当增加头顶发层的厚度。这样就能让脸显得长一些，增加稳重感，又不失甜美。短发则可以是不对称式或对称式，侧刘海，或者留一些头发在前侧吹成半遮半掩脸腮，头顶头发吹得高一些。（图2-14）

圆型脸男士的发型最好是两边很短，顶部和发冠稍长一点，侧分头。吹风时将头顶发吹膨松，方显得脸长一些。

2. 方形脸型

方形脸的人一般前额宽广，下巴颧骨突出，和多边形脸类似，硬线条，人显得木讷。方形脸在选择发型时要尽量把下颚角盖住，不要让下颚角宽度明显，头顶弄蓬、刘海侧分，尽量把在脸颊旁的头发弄蓬，减少直线的感觉。宜选用不对称的刘海破宽直的前额边缘线，同时又可增加纵长感。这种脸型的人最忌讳留短发，尤其是超短型的运动头，宜采用五五分头，减少宽度的视觉冲击。

留长发，发尾要前梳，覆盖住两面颊，可以掩盖下巴骨骼的突出。如果往后梳，忌打薄，厚厚的发层能使两边脸颊显得纤弱。一般头发不要剪太短，也不要剪太平直或中分的发型，这样会使脸显得更方。头发要有高度，使

错误　　　　　　　　正确　　　　　　　　正确

图 2-14　圆形脸发型设计

脸变得稍长,并在两侧留刘海,缓和脸的方正。头发侧分,会增加蓬松感,头发一边多,一边少,营造出鸭蛋脸的感觉。在鬓边留下自然上卷的发梢,两边对称。发式以长发为佳。如果个子矮小不宜留长发,选择齐肩短发最好。(图 2-15)

正确　　　　　　　　　　　正确　　　　　　　　　　　错误

图 2-15　方形脸发型设计

3. 长方形脸型

长脸,就是脸型比较瘦长,额头、颧骨、下颌的宽度几乎相同,但是脸宽小于脸长的三分之二。一般长脸的人容易显老,其原因是眼睛到嘴角的距离长,额头露出较多,因此,为了展示这种脸型的魅力,关键要使其具有华丽而明朗的表现力。华丽的表现力要从视觉上缩短脸的长度,同时,还可以表现出沉稳的气质。额前垂下刘海是很关键的弥补措施。

长脸形的人天生拥有难以言说的高贵气质,是古代贵妇所钟爱

正确　　　　　　　　　　错误

图 2-16　长方形脸发型设计

的脸型。但脸形太长的话,则易变成马脸,而且脸型长的人下巴较尖,两颊单薄,因而更显柔弱,毫无生气。因此,长脸形的人在选择发型时要适当加宽额头宽度,突出高贵气质,掩盖病态的美感。

脸形长的人最好采用二八分头、一九分头或齐刘海设计。在发式选择上避免采用垂直长发或短发,容易显得老成、呆板,无形中拉长了脸部长度。选用蓬松式发式最为恰当,尤其鬓边的厚度蓬松可以较好地掩盖脸颊的瘦长感。(图 2-16)

4. 正三角形脸型

正三角形脸型的特征是窄额头和宽下巴。对于这种脸型,在发型设计上应体现额部宽度,把太阳穴附近的头发弄得宽一点、高一点,以平衡下颚的宽度,尽量把刘海剪高一点,使额头看起来高一些,避免下巴附近头发太少。重点应放在头顶及两鬓的加宽,下巴的掩盖上。在发式设计上采用上半部有动感,下半部稳稳垂下的发型,能在一定程度上纠正脸型的不均衡感。(图 2-17)

正确　　　　　　　　错误

图 2-17　正三角形脸发型设计

5. 倒三角形脸型

倒三角形脸型的特征是额头最宽,下颌窄而下巴尖。这种脸型下颌线条很迷人,但容易让人产生不易亲近的感觉,所以,发型设计的重点就在于减弱给人的这种不利印象。

倒三角形脸的发型设计应当着重于缩小额宽,并增加脸下部的宽度。具体来说,头发长度以中长或垂肩长发为宜,发型适合中分刘海或稍侧分刘海。发梢蓬松柔软的大波浪可以达到增宽下巴的视觉效果。

避免将整个头发向后梳理是一个重要的原则,否则会让倒三角形的脸更加明显。稍有刘海并将两侧头发打薄,避免头发蓬松,如此可让人感到上半部脸过宽。为使脸看起来丰满,中长度的发型最合适。顶部头发须高且柔,两边须膨松卷曲,最好不要用笔直短发和直长发等自然款式,因为过于朴素的样式会使脸部更加单调。适用的发型以四六分为佳,以便减轻上部宽度对下巴的鲜明对比。具有厚重感的卷发,可以让头部看起来更显稳重,去掉轻飘飘的感觉,颈部后面浓密卷曲的秀发,活泼之中更显优雅,从而减弱尖下巴的薄弱感。(图 2-18)

正确　　　　　　　　错误

图 2-18　倒三角脸形发型设计

6. 菱形脸型

菱形脸型的特征为前额与下巴较尖窄,颧骨较宽。发型设计应当着重于缩小颧骨宽度。适合留短发,上面的发量蓬松,下面轻盈。宜选层次感大的发型,前额要留斜刘海,显得活泼可爱。菱形脸发量多的人也可以盘起来;最好选择烫发,然后在做发型时,将靠近颧骨的头发做前倾波浪,以掩盖宽颧骨,将下巴部分的头发吹得蓬松些。应该避免露脑门,也不要把两边头发紧紧地梳在脑后(如扎马尾辫或高盘)。因此,最适合的发型是靠近面颊骨处的头发尽量贴近,面颊骨以上和以下的头发则尽量宽松,刘海要饱满,可以使额头看起来较宽。短发要做出心型的轮廓,长发要做出椭圆形的轮廓。(图 2-19)

正确　　　　　　　　　　　　　　　　错误

图 2-19　菱形脸发型设计

(二)发型选择的其他要素

1. 根据职业选择发型

(1)运动员、女青年、女学生宜选择轻松活泼的发型。

(2)职业女性宜梳清秀、典雅的发型。

(3)教师宜选用简单的、齐颈根的发型。

2. 根据性格选择发型

(1)活泼开朗的女性宜以短发或流行发型为主。

(2)稳重干练的女性宜选用高雅成熟的发型。

(3)温柔清纯的女性宜选用直发。

(三)发型欣赏

1. 短发式样(图 2-20)

2. 长发式样(图 2-21)

图 2-20　短发式样

图 2-21　长发式样

思考与练习

1. 对照镜子观察自己或同学之间相互观察,分析其脸型特征、五官特点,并图文并茂加以描述。

2. 分析 5 位不同脸型的人长相中的优缺点,找出不太满意之处,并提出合理的修饰方案。

3. 根据今年的发型流行趋势,收集不同风格的长发、短发、盘发各 10 款。

4. 对照六种不同的脸型,在身边的亲戚朋友中寻找代表人物,以图文并茂的形式加以说明。

高等院校服装专业教程

服饰形象设计

第三章　化妆造型设计基础

教学目标及要点

课题时间:24 学时

教学目的:学习和了解各类化妆工具及化妆品的使用,掌握化妆的基本步骤和彩妆技巧;培养学习者对人物造型的鉴赏能力、观察分析力,以及动手能力;逐步使学生具备因人而异、扬长避短的化妆能力,为塑造人物的整体形象做好面部化妆和头部发型设计。

教学要求:熟悉色彩运用的原理、人物头面部结构与素描关系,对时尚流行趋势有敏锐的获知能力,对彩妆流行趋势有一定的感知力;加强对化妆、发型设计和实践操练。

课前准备:查阅中外化妆史各时期的化妆特点,收集近期各大时尚秀场妆容图片及流行信息资料。

一　化妆基础知识

(一)化妆及其作用

1. 什么是化妆

化妆是人们利用工具与色彩描画面容,从面貌外型上改变形象的一种手法。

从广义上来说,化妆指对人的整体造型,包括面部化妆、发型、服饰等方面作改变;从狭义上来说,化妆只是针对人的面部进行修饰,即对人的面部轮廓、五官、皮肤作"形"和"色"的处理。

2. 化妆的作用

在现代生活中,人们追求的美应该是健康美、整体美、气质美、心灵美……化妆正是人们为追求美丽而搭造起的桥梁。

化妆的作用主要表现为三个方面:

(1)美化容貌:人们化妆的目的是为了美化自己的容貌。

(2)增强自信:化妆在为人们增添美感的同时,也为自身带来了自信。

(3)弥补缺陷:化妆可通过运用色彩的明暗和色调的对比关系产生视觉错视感,从而达到弥补不足的目的。

3. 化妆的基本原则

(1)扬长避短:先找优缺点,扩大优点,淡化和修饰缺点,使人不易察觉,扬长避短。

(2)真实自然:不虚不夸,力求自然真实的美。

(3)突出个性:凸显个人风格,不能千面化,塑造独特的风格形象。

(4)整体协调:色调、外型、服饰搭配和谐,视觉柔和、协调。

(二)化妆前后的皮肤护理

1. 人类皮肤的认识

皮肤覆盖全身,它使体内各种组织和器官免受物理性、机械性、化学性和病原微生物性的侵袭。皮肤有几种颜色(白、黄、棕、黑色等),主要因人种、年龄及部位不同而异。皮肤是人体面积最大的器官,一个成年人的皮肤展开面积在 2 平方米左右,重量约为人体重量的 1/20。最厚的皮肤在足底部,厚度达 4 毫米,眼皮上的皮肤最薄,只有不到 1 毫米。

皮肤具有两个方面的屏障作用:一方面,防止体内水分、电解质、其他物质丢失;另一方面,阻止外界有害物质的侵入。皮肤保持着人体内环境的稳定,同时,皮肤也参与人体的代谢过程。

皮层由表皮层、真皮层和皮下组织构成(图 3-1)。皮肤结构包括有汗孔、竖毛肌、皮脂腺、顶浆腺、毛囊、血管和皮下脂肪等。

(1)表皮

表皮是皮肤最外面的一层,平均厚度为0.2毫米,根据细胞的不同发展阶段和形态特点,由外向内可分为5层。

①角质层:由数层角化细胞组成,含有角蛋白。它能抵抗摩擦,防止体液外渗和化学物质内侵。角蛋白吸水力较强,一般含水量不低于10%,以维持皮肤的柔润,如低于此值,皮肤则干燥,出现鳞屑或皲裂。由于部位不同,其厚度差异甚大,如眼睑、包皮、额部、腹部、肘窝等部位较薄,掌、跖部位最厚。

②透明层:由2~3层核已死亡的扁平透明细胞组成,含有角母蛋白,能防止水分、电解质、化学物质的通过,故又称屏障带。此层于掌、跖部位最明显。

③颗粒层:由2~4层扁平梭形细胞组成,含有大量嗜碱性透明角质颗粒。

④棘细胞层:由4~8层多角形的棘细胞组成,由下向上渐趋扁平,细胞间以桥粒互相连接,形成所谓细胞间桥。

⑤基底层:又称生发层,由一层排列呈栅状的圆柱细胞组成。此层细胞不断分裂(通常有3%~5%的细胞进行分裂),逐渐向上推移、角化、变形,形成表皮其他各层,最后角化脱落。基底细胞分裂后至脱落的时间,一般认为是28日,称为更替时间,其中自基底细胞分裂后到颗粒层最上层为14日,形成角质层到最后脱落为14日。基底细胞间夹杂一种来源于神经嵴的黑色素细胞(又称树枝状细胞),占整个基底细胞的4%~10%,能产生黑色素(色素颗粒),决定着皮肤颜色的深浅。

(2)真皮

真皮位于表皮下,由致密结缔组织组成,与表皮牢固相连。机体各部位真皮的厚薄不均,一般为1~2 mm。真皮来源于中胚叶,由纤维、基质、细胞构成。

①纤维:有胶原纤维、弹力纤维、网状纤维三种。

a.胶原纤维:为真皮的主要成分,约占95%,集合组成束状。

b.弹力纤维:在网状层下部较多,多盘绕在胶原纤维束下及皮肤附属器周围。除赋予皮肤弹性外,也构成皮肤及其附属器的支架。

c.网状纤维:被认为是未成熟的胶原纤维,它环绕于皮肤附属器及血管周围。在网状层,纤维束较粗,排列较疏松,交织成网状,与皮肤表面平行者较多。由于纤维束呈螺旋状,故有一定伸缩性。

②基质:是一种无定形的、均匀的胶样物质,充塞于纤维束间及细胞间,为皮肤各种成分提供物质支持,并为物质代谢提供场所。一般来讲,如果皮肤感染到表皮层,它可以再生长,一般不会落疤,如果感染到真皮层就会落疤。

③细胞:主要有以下三种类型。

a.成纤维细胞:能产生胶原纤维、弹力纤维和基质。

b.组织细胞:是网状内皮系统的一个组成部分,具有吞噬微生物、代谢产物、色素颗粒和异物的能力,起着有效的清除作用。

c.肥大细胞:存在于真皮和皮下组织中,以真皮乳头层为最多。

(3)皮下组织

皮下组织来源于中胚叶,在真皮的下部,由疏松结缔组织和脂肪小叶组成,其下紧临肌膜。皮下组织的厚薄依年龄、性别、部位及营养状态而异,有防止散热、储备能量和抵御外来机械性冲击的功能。

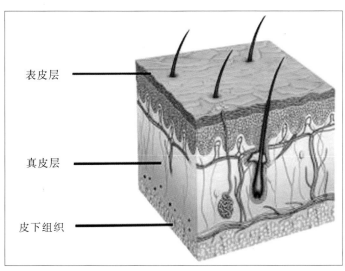

表皮层

真皮层

皮下组织

图3-1 皮层的结构

2. 面部皮肤的分类

(1)干性皮肤：肤色较白皙细腻，毛孔细小而不明显，皮脂分泌量少而无光泽，皮肤比较干燥，容易产生细小皱纹。毛细血管较浅，易破裂，对外界刺激比较敏感。干性皮肤可分为缺水性和缺油性两种，前者多见于35岁以上及中老年人，后者多见于年轻人。

(2)油性皮肤：肤色较深暗，毛孔粗大，皮脂分泌量多，皮肤油腻光亮，不容易起皱纹，对外界刺激不敏感。由于皮脂分泌过多，容易产生粉刺及暗疮，常见于青春发育期的年轻人。

(3)中性皮肤：是健康理想的皮肤，毛孔较小，皮肤红润细腻，富有弹性，对外界刺激不敏感。皮脂分泌量适中，皮肤既不干也不油，多见于青春发育期间的少女。

(4)混合性皮肤：兼有油性与干性皮肤的特征。在面部T字区(前额、鼻、口、下巴)呈油性状态，眼部及两颊呈干性或中性状态。此类皮肤多见于25~35岁的人。

(5)衰老性皮肤：皮肤干燥、光泽暗淡，皮肤水分与皮脂分泌量少。皮肤的弹性与韧性减弱，出现松弛现象，面部皱纹、晒斑、老人斑等明显。此类皮肤多见于老年人。

(6)敏感性皮肤：它不是一种皮肤类型，而是一种皮肤状况。有些皮肤不论是油性皮肤、干性皮肤或混合性皮肤都有可能容易过敏。皮肤较薄，对外界刺激很敏感，当受到外界刺激时，会出现局部红肿、刺痒等症状。

3. 皮肤的护理

(1)化妆前的皮肤基础护理有五个步骤，见图3-2。

第一步：清洁。使用适合自己的洁面产品对面部进行清洗。

第二步：使用化妆水。平衡面部的酸碱度，补充皮肤水分和营养。

第三步：润肤。使用润肤的产品，使面部彻底滋润。

第四步：妆前隔离。涂抹妆前基底乳液或隔离乳/霜，形成一层保护。

第五步：轻轻拍打，让皮肤充分吸收营养。

图3-2 妆前皮肤护理五步聚

（2）化妆后的皮肤护理

每天睡觉之前一定要彻底清洁皮肤，卸妆的部分不能忽视。

第一，眼部卸妆。使用专业的眼部卸妆产品对眼影、眼线、睫毛膏、眉毛等上妆部位进行卸除。

第二，面部卸妆。使用卸妆油对全脸的化妆进行卸除。

第三，深层清洁。使用深层洁面用品把脸上的残余化妆品彻底清洗干净。

第四，化妆水。平衡皮肤，收缩毛孔，补充水分与营养。

第五，眼霜与润肤。使面部全面得到滋润，保持健康。

（3）每周的皮肤护理

每周需要为皮肤做一次护理，包括：

第一，去除角质。用角质凝胶或角质霜之类的去角质产品对面部进行深层清洁。

第二，面部按摩。使用按摩膏均匀涂抹进行按摩，增加面部的血液循环，促进新陈代谢。

第三，敷面膜。补充水分，吸收营养，使皮肤得到保护与改善。

（三）卸妆技巧

肌肤上的污垢可分两种，包括皮脂与日常生活中沾染的水溶性污垢及化妆品等油性污垢。水溶性污垢只需用一般洗颜剂就可轻易去除；而化妆品类油性污垢，除非是同样以油为主要成分的卸妆乳，否则无法清洁干净。如果妆卸得不够彻底，残留下来的污垢，会导致色素沉淀、黑斑、青春痘等不良后遗症。

选择卸妆乳，必须了解先前所使用的粉底对肌肤的附着力，并以此为参考条件。卸妆用品种类繁多，在使用新的卸妆品前，请详读产品所附的使用说明书。

如果想要迅速而完全地卸妆，非卸妆油莫属。卸妆油在溶解粉底后会呈油状，一遇水即产生变化，乳化成白色。如果污垢未溶解就乳化的话，清洁效果会大打折扣，所以使用卸妆油时，请保持脸部及手部的干燥。此外，由于单靠清水冲洗无法洗净油质，必须再使用洗颜剂彻底清除，以免带来痘痘以及肤色黯沉的后遗症。卸妆品主要有三种形态：液状卸妆品适合油性皮肤和略施蜜粉的淡妆；凝胶状卸妆品适合中至油性皮肤和只用蜜粉、粉底液的妆面。乳液状卸妆品适合中性皮肤和只用蜜粉、粉底液的妆面。

在卸妆时，可从妆较浓的部分开始，所以，一般都是依眼影、眼线、睫毛膏、口红、腮红、粉底的顺序卸妆，以干净的手或是化妆棉，蘸取适量的卸妆产品，用画圈的方式轻轻按摩，待彩妆和卸妆产品融合后，再以面纸或化妆棉擦拭。如此重复数次，直到化妆棉上，再也看不到任何色彩为止。接着以洗面奶或洗面皂将脸洗净，可洗去卸妆品的油分和其余残留在脸上的脏东西，这样才能算是完整地完成了清洁肌肤的动作，让肌肤真正处于洁净无负担的清爽状态。

二 化妆基本用品

古人云："工欲善其事，必先利其器。"化妆工具与材料是化妆的重要物质条件，要想创作精致的妆容，就必须选择专业的化妆用品。

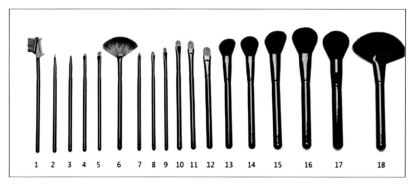

图3-3 化妆刷

（一）化妆工具的类型与作用

1.化妆刷类型（图3-3）

（1）粉底刷（12号）：毛质柔软细滑，附着力好，能均匀地吸取粉底涂于面部，其功能相当于湿粉扑，是抹粉底的最佳工具。

（2）蜜粉刷（14、16和17号）：化妆刷系列中要数蜜粉刷扫形较大，圆形扫头，刷毛较长且蓬松，便于轻柔而均匀地涂抹蜜粉。

（3）眼影刷（8~11号）：扫头小，圆形或扁形，便于眼睑部位的化妆。眼影刷分大、中、小三个型号，大号刷用于定妆或调和眼影，中号刷用于涂抹眼影，小号刷用于涂抹眼线部位。

（4）眼线刷（3号）：扫头细长，毛质坚实，蘸适量的眼线膏、眼线粉涂抹眼睫毛根部，就能描画出满意的眼线。

（5）眉毛刷（1号）：刷头分两边，一边刷毛硬而密，一边为单排梳，可梳理眉毛的同时也可梳理睫毛，使黏合的睫毛便于清晰地分开。

（6）眉扫（4号和5号）：扫头斜角形状，毛质细，软硬适中，扫少许的眉粉于眉毛上，自然真实。

（7）睫毛刷：刷头呈螺旋形状，用于蘸取睫毛膏涂擦于睫毛上，平时也可作梳理睫毛使用。

（8）唇线刷（2号）：扫头细长，以便描画唇部轮廓线条。

（9）唇刷（7号）：扫毛密实，扫头细小扁平，便于描画唇线和唇角。主要用来涂抹唇膏或唇彩，也可用于混色调试。

（10）面部轮廓刷（13号和15号）：斜面的刷头特别适合面部立体效果的营造，使用时从太阳穴处斜刷向颧骨处，既可以用于修饰脸型，也可以用于提亮高光部位。

（11）扇形粉刷（6号和18号）：也称化妆刷中的清道夫，扫毛呈扇形状，柔软蓬松。在使用散粉或定妆粉后，用于扫掉多余的散粉、腮红粉或散落在脸部的眼影粉。

2. 化妆的辅助工具（图3-4）

（1）镊子（1号）：头部两面扁平，便于夹取物体，主要用于夹取修剪后的化妆美目胶布贴或假睫毛，使其方便地贴于眼部。

（2）眉刷（2号）：既是眉刷又是睫毛刷，是双效合一刷具。用于上眉色前梳理眉毛或上眉色后将颜色晕染得更自然。

（3）修眉刀（3号）：刀片为刀头，锋利，便于剃掉多余的眉毛。因为刀面锋利，使用时应小心刮到皮肤。

（4）化妆胶布贴（4号）：透明或磨砂不透明的胶布，用修剪刀剪出理想半弯形胶贴形状，直接粘贴于双眼皮叠线的位置。

贴出美丽双目的方法：打开专业化妆胶布贴，用修眉剪剪出理想大小的弯状形，用镊子夹住胶布贴的中间，贴在双眼皮叠线的位置，从而可调整或加宽双眼皮。

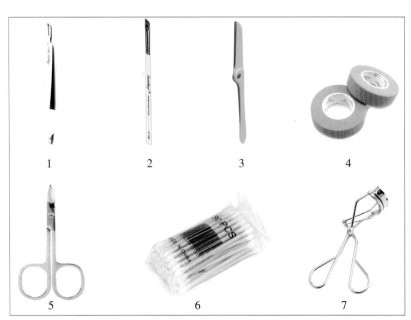

图3-4 化妆的辅助工具

美目贴主要在以下几种情况下使用：

a. 眼睛大小不对称；

b. 眼皮松弛下垂；

c. 眼皮内双的眼睛；

d. 加宽双眼皮效果。

（5）修眉剪（5号）：迷你型剪刀，刀头部尖端微微上翘，便于修剪多余的眉毛。修眉剪，也可用作裁剪化妆美目胶布贴。

（6）棉棒（6号）：也可用棉签，用于面部细小的部位（眼角、嘴角等）的化妆，也可以用于修改妆容或眼影层次的自然晕染。

（7）睫毛夹（7号）：睫毛放于夹子的中间，手指在睫毛夹上来回压夹,使睫毛卷翘,增强轮廓立体感。夹上都有橡胶垫,可防止使用时睫毛断裂。

(8)湿粉扑:圆形、三角形、四边形或葫芦形的海绵块,蘸上粉底直接涂印于面部,绵块可触及到面部各个角落,使妆面均匀柔和,是层层涂抹化妆品的最佳工具,如图3-5中的1号、3号、4号、5号。

(9)干粉扑:丝绒或棉布材料,粉扑上有个手指环,便于抓牢不易脱落,可防手汗直接接触面部,蘸上蜜粉可直接印扑于面部,使肤质不油腻、不反光,均匀柔和,如图3-5中的2号。

(二)化妆工具的清洗

长期使用化妆扫不清洗,会使妆面的颜色脏而不纯、用色不准,且容易滋生细菌,接触皮肤后容易产生过敏症状。为了卫生、健康的化妆,所以要定期对化妆工具进行清洁。

如果每天都使用化妆工具,那么每隔4~6周就应该清洗一次。

清洗方法:先使用温水浸泡几分钟后,用温和的洗发水清洗扫头;然后来回用清水多次清洗泡沫;洗干净后不要用吹风机吹干,要用干毛巾吸出扫头的水分,理顺扫毛,平放在空气流通干爽的地方进行自然风干。

(三)化妆品的类型与特性

1. 脸部的化妆品(图3-6)

(1)隔离乳(1号)

隔离乳是化妆前的基本保护,保湿滋润。可使妆容效果更加服帖,并有效抵抗紫外线辐射,隔离尘垢。使用方法:用手或三角海绵均匀地涂抹于面部。

(2)粉底类

粉底类化妆品有较强的遮盖性,可掩盖皮肤的瑕疵,改善皮肤质感,使皮肤显得光滑、细腻、有整体感。

粉底应选择最接近皮肤的色彩。

使用方法:取少许粉底涂抹在下颌或颈部,然后拿一面镜子在自然光下观察,如果看不出差别的、与自身肤色接近的,那就是适合自己的粉底了;色差鲜明,过白或过暗都不适合,因为与自身肤色有一定的区别,难以过渡融合。市场上一般分为两色系列,偏黄色系列与偏红色系列。偏黄色系列过渡融合好,接近真实肤色,自然柔和;偏红色系列的粉底效果使肤色色泽健康而润和。

粉底的品种较多,常用的有霜类、膏类、液体类、粉质类等。

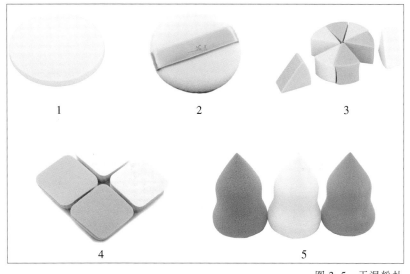

图3-5 干湿粉扑

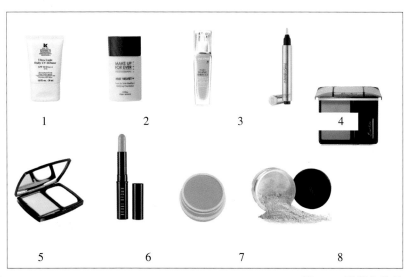

图3-6 脸部化妆品

①粉底霜(2号):霜状,相对于粉底液来说水分少,脂类多,粉质密度略大,透明度略小,遮盖力较好。适用于秋冬季与中性、干性皮肤。

②粉底液(3号):液状,水分多,脂类少,粉质细薄透明,效果自然真实。适用于夏天的中性、油性、混合性皮肤。

③明彩笔(4号):质地轻柔,既不是凝胶体,也不是粉末,这种透明、流动的乳液,既可以在没有化妆的时候单独使用,也可以上妆后,在脸上较暗色的部位(眼袋、鼻翼、嘴角、下巴凹陷处)刷几笔明彩笔,再用指尖轻轻混匀,可以起到提亮轮廓的作用,而用在眼圈位置可以有效减少黑眼圈的现象。明彩笔在脸部的特定部位上有捕捉及反射光线的作用,能使脸部最需要修饰的部位得到补救,妆容明彩亮丽、清新动人;可弥补肤色暗淡的情形,重现自然光泽。

④粉底膏(7号):成分与粉底霜相同,但水的比例下降,油脂及粉料加大比例。粉质密度厚且干,透明度低,遮盖力好,适用于面部大面积遮瑕与改变肤色肤质的妆容。使用粉底膏作底妆,妆容保存时间较粉底液与粉底霜持久。

⑤粉饼、蜜粉(5号和8号):上好底妆后,用粉扑或蜜粉扫均匀扑印面部,可用于定妆。

⑥遮瑕笔(6号):直接涂于需遮盖的部位。

⑦胭脂(9号):能改善肤色,使肤色变得健康红润,涂在脸部适当部位还能起到调整脸形的效果。以服装或年龄来选定腮红的颜色,如橘红、桃红、粉红。使用时用胭脂刷蘸取少许胭脂,根据不同面形轮廓,涂在特定的面颊部位。

2. 眼部的彩妆品(图3-7)

(1)眉笔(8号):用于调整眉形、强调眉色,使面部整体协调。使用方法:在眉毛所需要的部位描画,描画后再用眉刷或眉扫均匀扫开。

(2)眉粉(3号):功能与眉笔一样,区别在于眉粉是粉状的盒形包装。使用方法:蘸少许眉粉均匀扫于眉部。

(3)染眉膏(1号):深色眉毛膏可加强眉毛的浓密度,浅色眉毛膏可减淡眉毛的颜色。使用方法:用眉刷取适量均匀涂擦在眉毛上。

(4)眼影(9号):改善和强调眼部凹凸面结构,修饰轮廓,彩色眼影可加强眼睛的神采。使用方法:用眼影扫或眼影棒蘸取适量的眼影涂在眼部皮肤上。

(5)眼线笔(7号):形状性质接近眉笔,可加强眼睛的立体感,使眼睛明亮有神采。使用方法:贴近睫毛生长毛孔描画眼线,粗细可随意控制。

(6)眼线液(5号):液体眼线笔的性质,与眼线笔一样,用于调整修饰眼睛轮廓,可加强立体感。分为防水性与非防水性两种。使用方法:与眼线笔一样,区别在于不易于控制描画,但保存妆容时间持久。

(7)睫毛膏(4号):可加强睫毛的浓密度和长度,使眼睛倍添魅力。分为防水性与非防水性。使用方法:从睫毛根部向上"Z"形转刷。

3. 唇部的彩妆品

(1)唇线笔:用于勾画唇部轮廓,增强立体感。使用方法:在唇部边界描画理想的唇线,加强立体效果。

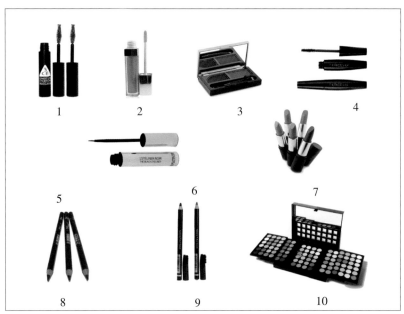

图3-7 眼部的彩妆品

（2）润唇膏：无色或浅色润唇膏能有效滋润唇部，预防干纹与干燥爆裂，防晒润唇膏能有效地防止紫外线伤害，使唇部保持健康滋润。使用方法：直接涂于唇部，补充水分不足的部位。

（3）口红：增强唇部色彩，与整体妆容柔和协调，如图3-7中7号。使用方法：用唇扫蘸适量口红涂抹于唇部。如果有经验或懂得技巧可直接涂抹。

（4）唇彩：黏稠液状，色彩丰富，明亮滋润，可增加唇部立体感与光亮感，使唇部更加丰满滋润，如图3-7中2号。使用方法：在已涂唇膏的唇上，用唇扫蘸取适量唇彩涂抹，也可直接涂抹于裸唇上。

三　基础化妆

在化妆前先要做好妆前皮肤的保护程序，修好眉形。通常在日常生活化妆中，基本操作步骤依次为：涂隔离霜——涂粉底膏/液——上定妆粉——眼部化妆（眼影、眼线、睫毛、画眉）——唇部化妆（润唇膏、唇线、唇膏、唇蜜）——描画眉形——打腮红/修颜——调整与定妆。

（一）修眉

眉毛是眼睛的框架，它为面部表情增加力度，精致的眉形会使面容更具立体感、表现力。

修眉用品：眉毛刷、修眉刀、修眉剪。

修眉方法：先用眉毛刷梳理眉毛，设计眉形后，用修眉刀刮去多余的眉毛，最后用修眉剪剪去生长过长的眉毛，完成理想的眉形。

标准眉形的修饰方法，如图3-8所示：

（1）眉头和内眼角在同一垂直线上。

（2）眉梢在鼻翼至外眼角的延长线上，同时可以帮助确定为长眉形的长度。

（3）眉梢在嘴角至外眼角连线的延长线上可以确定短眉的长度。

（4）眉峰在眉头至眉梢的1/3处，或者是眼睛平视正前方时，瞳孔外侧边缘线上的位置。

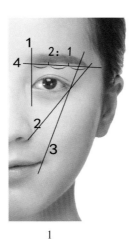

1

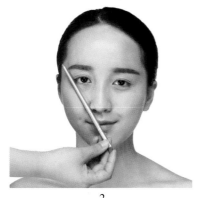

2

3

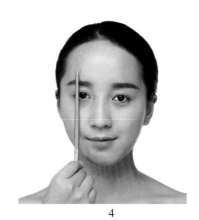

4

图3-8　标准眉形的修饰方法

(二)妆前基础霜调理肌肤

第一步:涂抹妆前基础霜

妆前基础霜具有让粉底与肌肤更紧密贴合的功效。使用妆前基础霜,能将肌肤表面调理得细腻光滑,使粉底持久不易脱妆。从清爽型到滋润型,妆前基础霜的类型也多种多样,可根据自己的肤质及不同的季节来选择适合自己的一款。

涂抹整个面部需要使用1颗樱桃大小的量。这里的诀窍是用中指和无名指取出少量,分别点在双颊、额头、鼻头和下巴部位,然后用指尖、三角海绵,快速轻柔地匀开,如图3-9所示。

第二步:使妆前基础霜贴合肌肤

妆前基础霜若是浮在肌肤表面会造成粉底涂抹不均,为了避免出现这样的问题,涂抹完毕后可用掌心轻按整个面部,使妆前基础霜充分融入肌肤。同样,眼部和唇部周围也可用指尖轻按,使其渗入肌肤,如图3-10所示。

第三步:涂抹色控霜遮瑕

色控霜能解除面色暗哑及双颊泛红等肤色烦恼,只需少量细致而均匀晕开就能调理出自然的肤色。色控霜有橙色、黄色、绿色等多种色彩,遮瑕能力各异,既可单独使用,也可与粉底混合使用,能有效地调整肤色。使用时用指肚轻轻拍打,使其融入肌肤,如图3-11所示。对于泛红现象较明显的人,使用绿色色控霜能有效镇静美白;白色色控霜既能掩盖雀斑,又有提亮高光效果;黄色可遮饰茶色黑眼圈和暗红部位;粉色显红润;橙色可针对青色黑眼圈;紫色可解决肤色暗沉问题。

第四步:打粉饼定妆

粉饼的魅力在于它拥有滑爽、轻盈的触感,可造就轻柔哑光的肤质感。且小巧便于外出携带,使用起来也方便;但缺点是海绵容易沾上过多的粉,导致涂抹过厚;所以使用时要注意用量,尽量涂抹得轻薄一些。

使用方法:用海绵在粉饼表面轻按1~2次,蘸上粉。先在单侧脸颊自内向外轻拍着涂抹开来,另一侧以同样方式涂抹。接着,用海绵从额头的中心部开始向着外侧涂抹开来。涂过额头后,将海绵顺势向下滑至鼻梁,上下滑动着涂抹整个鼻部。鼻翼两侧的细小部位和鼻子下方也要仔细涂抹,眼部与唇部周围也要用海绵轻轻按压着上妆,如图3-12所示。

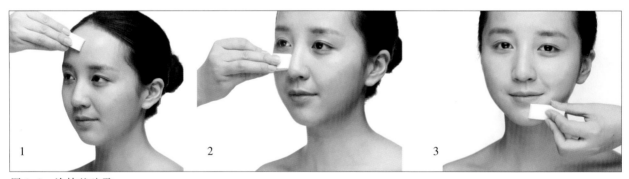

图3-9 涂抹基础霜

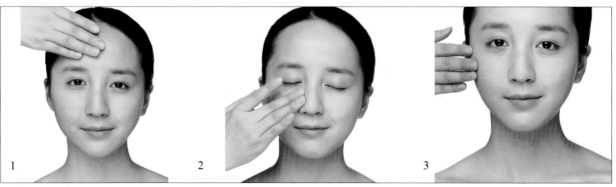

图3-10 使基础霜贴合肌肤

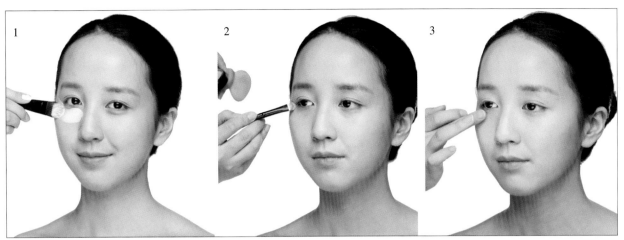

图 3-11　色控霜遮瑕

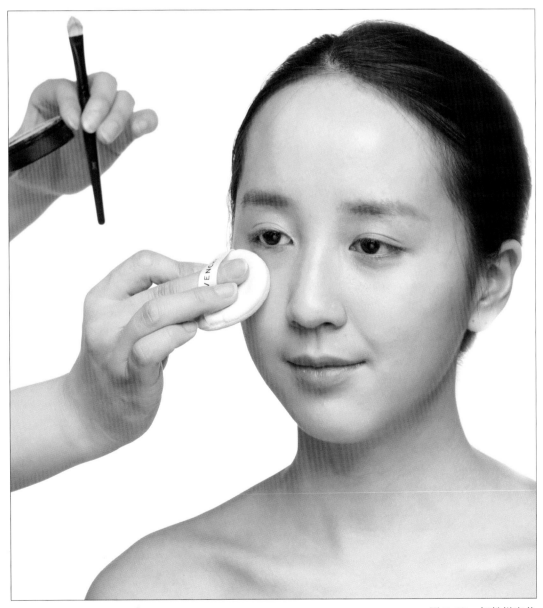

图 3-12　打粉饼定妆

第五步:脸部轮廓的修饰

使用比肤色暗一个色调的修容粉底,习惯上称为"阴影色",用于脸部轮廓线或需要塑造出紧致效果的部位,巧妙地运用阴影色可达到"小脸"的效果,如图 3-13 中 1~6 步所示。

脸部轮廓线的修饰方法:从耳前方朝着下巴方向轻轻地涂抹开来。涂刷时要呈偏狭长的形状,要想塑造出美丽的侧影还需注意颈部与脸部的分界线,可对着镜子查看化妆效果,模糊分界线,不能有明显的分界线。

"高光粉"用于鼻梁和额头等 T 字部位。使用后,这些部位会显得明亮突出,在脸部形成自然的立体效果。普遍使用的是白色或珠光白色。但是,褐色肌肤的人更适合使用大地色系或浅金色系,那样看上去会显得健康而有活力,如图 3-13 中 7~10 步所示。

(三)眼部化妆

眼部是面部化妆的重点部分,可以参考图 3-14 和图 3-15。

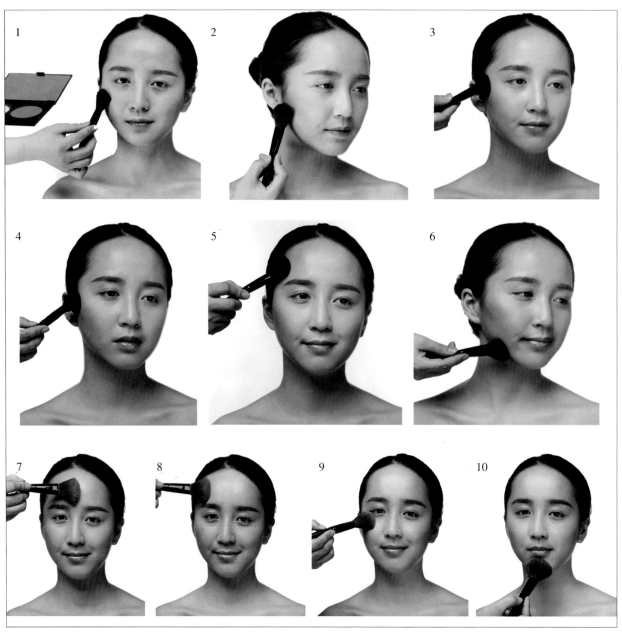

图 3-13 脸部轮廓的修饰

方法一

方法二

方法三

图 3-14 眼影涂抹方法

第一，眼影的涂抹方法。

日常生活中眼影的化妆方法主要有三种。

方法一：上浅下深水平晕染。由睫毛根部开始涂眼影，由深至浅、由下向上水平涂抹。

方法二：上深下浅水平晕染。以双眼皮叠线为界，上深下浅水平涂抹。

方法三：左右垂直晕染。眼影由外眼角向内眼角涂抹，颜色由外向内渐浅。

第二，眼线的描画。在睫毛根部开始描画(粗细长短可根据需要而定)，可用棉棒在眼线上轻轻推开颜色，使眼线自然柔和。不要在外眼角处连接上下眼线，这样会使眼睛看起来较小而刻板。(图3-16)

第三，涂睫毛膏。先用眉毛刷的单排梳理顺睫毛，再用睫毛夹从睫毛根部由内向外来回几次夹翘，涂上睫毛保护底液后，用睫毛膏从睫毛根部由内向外"Z"形来回涂抹，达到浓密纤长的效果。(图3-17)

图 3-15　画眼影

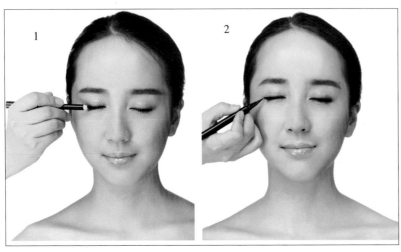

图 3-16　描画眼线

图 3-17 涂睫毛膏

图 3-18　画眉

第四,画眉。在修好的眉毛上,用眉笔填补眉毛上的空白处,描线长短不一,如果眉毛短,可以眉尾加长,以自然真实为基本标准,效果不宜太生硬或太黑。颜色最好选用深咖啡色——接近东方人毛发的颜色,如果头发漂染为浅咖啡色或浅金系列,可选用浅咖啡色的眉笔。最后,在眉毛上可使用透明睫毛膏定型。(图 3-18)

不同的眉形能体现不同的个性。

上挑眉:精明、利落,刁蛮任性;

平眉:年龄显小,纯情自然;

不规则眉:随意;

单侧眉:夸张、个性、另类;

标准眉:浓淡、粗细适中,表现中立性;

细眉:无眉峰,妩媚妖娆,较神秘;

剑眉:英气十足。

(四)鼻子和唇部化妆

1.鼻子的化妆

一般人都以又挺、又高、又直的鼻子为美,所以,塑造鼻子的立体感是化妆的主要任务。鼻两侧用浅咖啡色(或浅褐色)涂抹,要过渡自然,不能过深。鼻梁处为高光部位,所以用亮色的鼻影或眼影涂抹,效果光暗明显,轮廓清晰。

2.唇部化妆

一般唇部的化妆步骤如下(图3-19、图3-20):

首先,用唇线笔在唇线边描画理想的唇形。自然唇色可不画唇线,艳色或深色口红则需要描唇线;

其次,涂抹润唇膏作保护基底,用唇扫取适量口红均匀地涂在唇上,以填充不足的部位;

最后,涂上一层唇彩,使唇部饱满有光泽。

另外,为了塑造丰润的唇,宜选用反光度较好、比较滋润的唇部用品,这样会使嘴唇显得饱满。如果嘴唇薄,可用唇线笔紧贴唇线边外勾画大小适合的唇形,然后用唇膏填充颜色,涂上薄薄的唇彩使嘴唇丰满亮泽。

图3-19　裸色口红

图 3-20　烈焰红唇

(五)腮红

生动的表情取决于腮红的涂抹位置。腮红的巧妙使用可令整个妆容活色生香，既能营造出明亮健康的表情，调节整个脸部妆容的协调感，还可为肌肤添几分通透感。根据不同的腮红涂抹方法，可打造出或可爱俏皮、或成熟妩媚的妆容。

在鬓角至颧骨的位置斜向扫上腮红，会使脸部妆容透出浓浓的女人味，上妆时使脸颊泛出红晕即可。在微笑时，脸部的最高位置呈圆形，刷上腮红可营造出孩童般的纯真面容。而横向呈狭长形扫上腮红会使整个脸形显短。一定要将腮红充分晕开，这时建议使用粉色系。

直接将腮红涂抹在脸上会让色彩显得过于浓重，而颜色过重则会破坏整体妆容的和谐感。所以，在涂刷腮红之前，要用腮红刷蘸上腮红，先刷在手背上查看发色效果并调整色调。

涂刷腮红时的关键是将最浓的颜色涂抹于颧骨最高处。然后，轻柔地左右上下移动腮红刷，将腮红均匀地扫开。再用粉扑将腮红晕开，使其不浮于肌肤表面，与肌肤自然融合。应注意的是，不能向着鼻部两侧涂抹腮红，而是要向着外侧以画圆圈般的手势涂刷，这样可渲染出柔和的效果。(图 3-21)

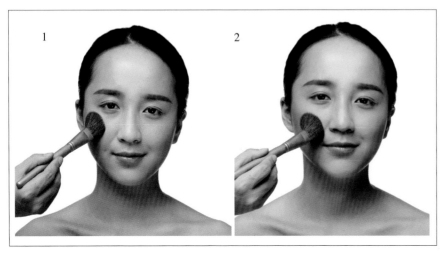

图 3-21　腮红

(六)高光和阴影

高光和阴影是打造立体感妆容的重要环节。通过光影的变化,塑造立体妆容。在额中 T 字区眉骨处眼睛下方,最容易出现肤色暗沉,在鼻梁、下巴的位置扫上白色高光粉,可以保持力度的轻盈,但不能一次涂抹太多。阴影部分主要在三个区域上描画,分别是额头发际线附近、脸颊和脸部轮廓线位置,蘸取褐色侧影粉,在以上三个区域轻扫即可。

(七)调整与定妆

定妆一般是用散粉,也可以选择蜜粉,是彩妆妆底最后一步。最后妆容完工时蜜粉可以再次用于定妆检查。方法是用蜜粉扫或干粉扑蘸少许蜜粉均匀涂于面部,固定完成的妆容,使保存时间持久,检查妆面是否有残缺或不干净处加以处理。定妆可令肌肤亮丽通透,妆容自然清爽。

四 彩妆技巧

化妆是现代都市女性热爱生活的一种表现,是一种积极的生活态度。在繁忙的日常工作、生活中,根据出席场合和角色转换选择合时宜的妆面也是公共礼仪中仪表的重要组成部分,同时也是尊重他人的一种表现。

在日常工作或生活中,一般女性可根据出席时间、场合、身份的不同,分别采用淡妆、彩妆、晚宴妆、时尚妆。本节将逐一进行妆容设计的讲解。

(一)淡妆

1. 妆面效果:自然淡雅

(1)适合人群:白领族、职业型、假日休闲型。

(2)自然淡雅妆画法:

①粉底:选用与自己肤色接近的颜色粉底,不要过白或过暗,自然服帖即可。

②眼影:选用浅棕等浅暖色系列,此色系颜色接近自然,与肤色协调柔和。在外眼角涂上深色眼影,内眼角涂上浅色眼影,两色中间过渡均匀;描画上眼线后,下眼线从外眼角到内眼角由深到浅描画。

③睫毛膏:眼睛是灵魂之窗,夹翘睫毛后涂上睫毛膏是全妆的关键之处。

④唇部:选用自然接近唇色的颜色。先涂上润唇膏作基底保护,填充唇膏后,淡扫薄薄的唇蜜即可。

⑤眉毛:深浅适中的浅咖啡色眉笔描画自然眉形。

⑥腮红:选用浅粉红、浅桃红或浅橙红,透出淡红的肤色最为健康。腮红从太阳穴位置到颧骨斜扫晕染。

⑦在额中、眉骨、鼻梁、下巴处扫上高光粉。

(3)自然淡雅妆效果图与配色。(图 3-22)

图 3-22 自然淡雅妆

2. 妆面效果:粉嫩透红

(1)适合人群:少女型、白领族、职业型、假日休闲型。

(2)粉嫩透红妆画法:

①粉底:选用比自己肤色浅一号的粉底液或BB霜,自然帖服。

②眼影与睫毛膏:用眉笔描画自然眉毛,粉色眼影淡淡地涂抹一层在眼睑上,描画内眼线后涂上黑色的睫毛膏。

③唇部:先涂上无色的润唇膏作基底保护,再涂抹浅红色唇膏,淡扫一层薄薄的润彩唇蜜。

④腮红:粉色腮红扫抹在颧骨上,以圆圈的手法晕染。

⑤在额中、眉骨、鼻梁、下巴处扫上高光粉。

(3)粉嫩透红效果图与配色。(图3-23)

3. 妆面效果:柔雾晶亮

(1)适合人群:少女型、白领族、假日休闲型。

(2)柔雾晶亮妆画法:

①粉底:方法同上。

②深咖啡色眉笔描画眉毛,在外眼角涂上深色眼影,内眼角涂上亮色眼影,两色中间过渡均匀,在下眼线的外眼角上描画深色眼影,内眼角的眼线上用亮色涂抹,最后涂上黑色睫毛膏。

③唇、高光和腮红方法同上。

(3)柔雾晶亮妆效果图与配色。(图3-24)

(二)彩妆

1. 妆容效果:时尚亮彩

2. 适合人群:时尚白领型、时尚职业型、时尚休闲型

3. 彩妆画法:

(1)粉底:选用颜色自然并与自己肤色接近的粉底。

(2)眼影:可选用彩色系列,包括绿色、蓝色、黄色、橙色等,亦可两色或三色合用,既可运用色彩的反差性对比,也可运用同类色的和谐统一,上色时应注意表现出色彩丰富的变化与协调的关系,从而为妆容增加时尚亮彩的效果。

(3)腮红:搭配眼影的协调色彩,可选用粉红、桃红或橙红的腮红。

图 3-23 粉嫩透红妆

图 3-24 柔雾晶亮妆

图 3-25 时尚亮彩彩妆

(4) 唇部:用比唇膏深一级的唇线笔描画嘴唇的轮廓线条,用唇膏均匀填充,最后用闪烁莹润的唇彩点缀。

(5) 睫毛膏:除传统的黑色睫毛膏外,彩妆也可选取用蓝色、紫色、绿色、橙色或金色、银色的睫毛膏。睫毛膏也可涂两层以上,这样可使睫毛更加浓密、纤长。

(6) 眉毛与眼线:眉毛自然描画,补充缺漏的部分。眼线可略为加深,使眼睛从视觉上增大且有神采。

4. 时尚亮彩彩妆效果图与配色(图 3-25)

(三)晚宴妆

1. 妆面效果:明星幻彩

2. 适合人群:时尚职业型、时尚休闲型、宴会派对人群

3. 晚宴妆画法:

(1) 粉底:粉底可选用遮盖力强的粉底膏/液,把脸上的斑点、印痕覆盖,高光与阴影部分涂抹清晰,塑造脸部视觉立体感。

(2) 眼影:根据晚宴的服装搭配相应的眼影颜色,加上闪亮的眼影亮粉,更显绚丽夺目。

(3) 睫毛膏:浓密而卷翘的睫毛使双眼更加迷人,对于晚宴妆来讲,睫毛膏可以浓密些,但不能脏乱地粘在一起。如果睫毛不够长或浓密时,可以选择使用假睫毛。颜色也可以大胆尝试同眼影相配的彩色睫毛膏,如时尚的蓝色、妩媚的紫色、华丽的金色等。

(4) 假睫毛的使用方法:先在假睫毛根部线上涂上一层假睫毛专用胶,待其略干后,将夹翘涂好保护液的眼睫毛,在最贴近睫毛根部的位置贴上,固定后用眼线笔在接合处及内、外眼角画出眼线,以填充欠缺的部位,修饰完美的眼型。

(5) 眉毛与眼线:眉毛自然清晰描画,注意不要过黑,以深咖啡色或灰色为主。眼线可加深加粗,也可使用彩色多样的眼线笔,如紫色、蓝色、绿色、金色、银色等。

（6）腮红：在重点突出眼部彩妆同时，胭脂就略为低调一点，起到色调和谐衬托的作用。

（7）唇部：用比唇膏深一级的唇线笔描画嘴唇的轮廓线条，用唇膏均匀填充，最后用闪烁莹润的唇彩点缀，或者涂完润唇膏后直接涂上裸色唇彩，自然时尚。

4. 明星幻彩晚宴妆效果图与配色（图3-26）

图3-26　明星幻彩晚宴妆

（四）时尚妆

1. 妆面效果：冷艳个性

2. 适合人群：参加舞台、表演化妆晚会、时尚摄影等各种隆重场合的人群

3. 时尚妆画法：

（1）粉底：粉底可选用遮盖力强的粉底，把脸上的斑点、印痕覆盖，高光与阴影部分涂抹清晰，达到脸部视觉上的立体感。

（2）眼影：选用黑色、深咖啡色、深灰色等深色调的眼影，加上带有闪亮效果的眼影亮粉，更具时尚感。眼影与眼线画法主要以烟熏眼妆为主，层次过渡要均匀流畅。

（3）睫毛膏：浓卷的睫毛使双眼更有立体感，所以睫毛膏可多涂几层，或使用假睫毛。

（4）眉毛与眼线：眉毛自然清晰描画。眼线可加深加粗，烟熏眼妆的下眼线描画在内眼眶上，再涂上眼影柔和晕染。

（5）腮红：腮红色与眼影协调和谐衬托，根据脸型与整体服饰效果搭配颜色。

（6）唇部：用比唇膏深一级的唇线笔描画嘴唇的轮廓线条，用唇膏均匀填充，最后用闪烁莹润的唇彩点缀，或者涂完润唇膏后，直接涂上淡色唇彩，采用自然涂抹的手法，不可喧宾夺主。

4. 冷艳个性时尚妆效果图与配色（图 3-27）

图 3-27　冷艳个性时尚妆

思考与练习

1. 了解化妆品的种类,熟练掌握化妆工具的运用,重点练习局部化妆的技法。

2. 根据不同的脸型及五官特点,操作练习修饰眉形。

3. 练习面部化妆中的基础打底和立体小脸的光影修饰技法。

4. 根据不同的目标顾客或个人,练习日常妆、彩妆、晚宴妆、时尚妆各一款,按步骤完成整个妆容,做到扬长避短。

高等院校服装专业教程

服饰形象设计

第四章　人与专属色

教学目标及要点

课题时间:12学时

教学目的:熟习色彩基础知识,了解个人四季色彩理论和色彩十二季型的规律;掌握色彩与人的关系,能正确诊断人的专属色;能灵活运用色彩诊断专业工具,掌握色彩搭配规律和技巧。

教学要求:开展课堂一对一模式色彩诊断、示范教学,组织学生参与模拟的实践练习,在理论与实践学习中,让学生熟练掌握色彩诊断的方法和技巧。

课前准备:色彩诊断专业工具。

一 认识色彩

(一)色彩的概念

大自然的色彩是迷人的。红的花、绿的叶、湛蓝的天空、蔚蓝的海洋,都是一幅幅美丽的画卷。当人们感受湖光山色时,色彩通过光线进入眼睛并遍布在视网膜上,使视觉神经感受到被大脑知觉的信息。感受色彩的是视觉神经,然后变换成生物电流信号,通过神经节细胞传送给大脑。物体的表面色彩取决于光源的照射、物体本身的反射、环境与空间对物体色彩的影响。

(二)色彩的分类

色彩世界丰富多彩,按视觉效果来划分,主要可分为有彩色系和无彩色系。

1. 有彩色系:指红、橙、黄、绿、青、蓝、紫等颜色,不同明度和纯度的红、橙、黄、绿、青、蓝、紫色调都属于有彩色系。

2. 无彩色系:指白色、黑色和由白色与黑色调和形成的各种深浅不同的灰色。无彩色按照一定的变化规律,可以排成一个系列,由白色渐变到浅灰、中灰、深灰到黑色,色度学上称此为黑白系列。

(三)色彩的三属性

1. 色相:即色彩的相貌和特征,是色彩的名字。如图4-1所示,每种色彩都有相对应的名字。

2. 明度:色彩的明暗程度。明度高是指色彩明亮,而明度低则是指色彩晦暗。在6种基本色相中,明度由大

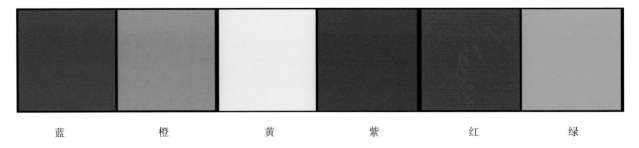

| 蓝 | 橙 | 黄 | 紫 | 红 | 绿 |

图4-1　不同色相

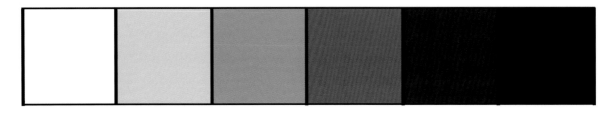

图4-2　不同明度变化

到小排列为黄、橙、绿、红、蓝、紫，即黄橙色、黄色、黄绿色为高明度色；红色、绿色、蓝绿色为中明度色；蓝色、紫色为低明度色。明度最高的是白色，最低的是黑色。(图4-2)

3. 彩度：通俗意义上讲就是颜色的鲜艳程度，也称色彩的饱和度或纯净度。通常以某彩色的同色名纯色所占的比例来分辨彩度的高低。在同一色名中，纯色比例高为彩度高，而纯色比例低则彩度低。

同一色相：如图4-3，在同一颜色加入不同程度的黑或白都会影响色彩的纯度，且加的越多，纯度会越低。如在紫色中加入白色越多，纯度越低。

不同色相：不同颜色存在着不同的纯度，其中以原色的纯度最高，其次是间色，最后是复色。

(四)色相环

色彩像音乐一样，是一种感觉。音乐需要依赖音阶来保持秩序和旋律，最后形成一个体系。同样，色彩的三属性就如同音乐中的音阶一般，可以利用它们来维持众多色彩之间的秩序，形成一个容易理解又方便使用的色彩体系。而所有的色可排成一个环形，这种色相的环状排列，叫做"色相环"。

在学习色彩相关设计或配色时，了解色相环的基础知识是十分必要的。首先，红、黄、蓝三色是色彩的三原色，由三原色、二次色和三次色配置可组合成12色相环和24色相环。图4-4分别表示12色相环和24色相环。

色料三原色即红、黄、蓝三种颜色，分别指定为大红、柠檬黄(淡黄)、普蓝(群青)三种。按照传统的色彩三原色理论及其补色原理，三原色中，每两个颜色相混合成的颜色与第三种颜色互为补色，即红—绿、蓝—橙、黄—紫三对补色。二次色是橙色、紫色、绿色，处在三原色之间，形成另一个等边三角形。红橙、黄橙、黄绿、蓝绿、蓝紫和红紫六色为三次色。三次色是由原色和二次色混合而成。

井然有序的色相环有助于人们认识和掌握色彩平衡和色彩调和后的结果。

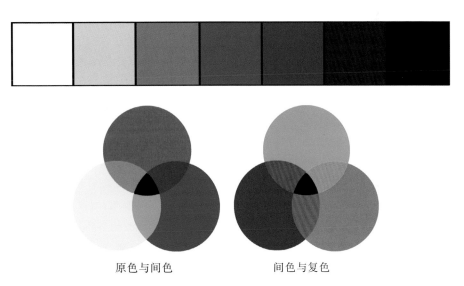

原色与间色　　　　间色与复色

图4-3　不同彩度变化

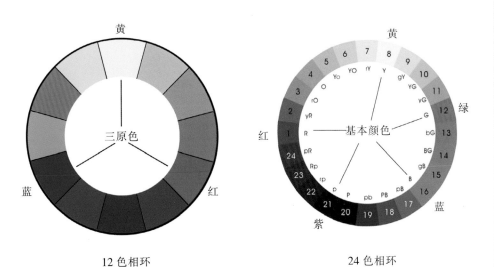

12色相环　　　　　　　　24色相环

图4-4　色相环

047

(五)色性

色性即色彩的冷暖属性,是指色彩给予人心理上的冷暖感觉。颜色的冷暖不是绝对的,而是在相互比较中显现出来的。但一般来说,倾向冷色系的色彩多带有蓝色,倾向暖色系的色彩则多带有黄色。

(六)色彩搭配

世界上没有丑的颜色,只有不好的色彩搭配。在掌握色彩属性后,根据美学原理,可搭配五彩缤纷、各具特色的方案。在服饰配色上通常会遵循以下 6 个规律。

1. 同类色搭配:如淡紫和紫蓝色。有单纯、雅致、平静的视觉效果,但有时也会令人感觉单调、平淡。

2. 类似色搭配:如亮粉红与紫晶砂。视觉效果和谐,对比较柔和,同时也避免了同类色的单调感。

3. 邻近色搭配:如橄榄绿和孔雀蓝。视觉效果既富于变化又给人以和谐感,是常用的色彩搭配。

4. 对比色搭配:如金霞与紫晶砂。对比色在色环上的距离跨度大,搭配起来对比强烈,视觉效果醒目、刺激、有冲击力。

5. 互补色搭配:如金霞与孔雀蓝。互补色组合具有最强烈、最刺激的视觉效果和令人兴奋的视觉冲击力。

6. 冷暖色搭配:如亮沙栗与紫水晶。冷色在暖色衬托下更冷艳,暖色在冷色衬托下更暖。

二　个人色彩特征分析

根据肤色、发色等基本体质特征可将人类划分为四种类型。第一,黄种人。主要特征体现为:肤色黄、头发乌黑或深棕色、黄色瞳孔、脸扁平、鼻扁、鼻孔较宽大;第二,白种人。主要特征体现为:皮肤白、碧绿或灰色瞳孔、鼻子高而狭,头发金色、棕色、红色等类型;第三,黑种人。主要特征体现为:皮肤黑、黑色瞳孔、嘴唇厚、鼻子宽、头发卷曲;第四,棕种人。主要特征体现为:皮肤棕色或巧克力色,头发棕黑色且卷曲,鼻宽,胡须及体毛发达。

艳丽的服饰色彩使黑皮肤的非洲人个性明艳,柔和的服饰色彩使白皮肤的欧洲人浪漫迷人,由此可见,不同肤色的人种在服饰色彩的选择上有着明显的差异。不仅如此,即便是同一肤色人种,在服饰色彩的选择上也存在较大差异。总之,同一件衣服,穿在不同的人身上就会有迥然不同的效果,如同一种正红色大衣,有的人穿上或显活泼、或显时尚、或显霸气,然而有些人却显得十分俗艳,或乡土气。或许,人们会认为"皮肤白穿啥都漂亮",其实并非如此。每个人都有自己的专属色彩,独立的个性风格,选对色即美,否则显苍老,无精打采。因此,找准专属色,进行科学的色彩诊断,是做好服饰搭配设计的必修课。

肤色是判断一件衣服色彩是否合适的重要条件。每个人的肤色都有一个基调,有的衣服颜色与基调十分合衬,有的却变得黯淡无光。要找出适合自己的颜色,便先要找出自身肤色的基调,肤色不同的人就适合不同颜色的服装。

人体肤色由血红蛋白、胡萝卜素、黑色素和皮肤的折光性决定。其中,黑色素起着重要作用。皮肤内黑色素含量多皮肤就黑,黑色素含量少皮肤就白,黄种人皮肤黑色素的含量介于白种人和黑种人之间。对于亚洲黄皮肤人来说,黑色素决定着肤色的深浅明暗;血红素决定着个人肤色的冷暖,含血红素(含量高的人)易出现红血丝(脸红);核黄素决定皮肤发黄程度。因此,核黄素和血红素决定了皮肤的冷暖,黑色素决定了皮肤的深浅。

皮肤的色相:

血红素>核黄素=粉色相

血红素=核黄素=自然色相

血红素<核黄素=黄色相

黄种人皮肤色相主要集中在黄色和红色的区域,皮肤色彩在黄种人的特征上有不同的色彩倾向,如棕色、棕红色、粉色、象牙色、青色。明度也有明亮和暗沉的区分,也就是人们常说的皮肤黑或白。

人类的眼珠色、毛发色等身体色特征,也都是这三种色素组合后呈现出来的结果。

（一）肤色

浅象牙色——皮肤透明白嫩，细腻光洁，脸上带有珊瑚粉的红晕；

自然肤色——细腻，脸上带玫瑰色红晕，冷米色、健康色，容易被晒黑；

小麦肤色——匀整而瓷器般的褐色、土褐色、金棕色，脸上很少有红晕；

褐色肤色——清白色或略暗的橄榄色，带青色的黄褐色，皮肤密实。（图4-5）

（二）眼睛的色彩

浅棕色——眼珠棕黄色，眼神明亮，眼白呈松石蓝；

柔棕色——眼珠深棕色，眼神柔和，眼白呈米白色；

深棕色——眼珠深棕色或焦茶色，眼神沉稳，眼白呈浅松石蓝；

黑　色——眼珠黑色，眼神锋利，眼白呈冷白色。（图4-6）

（三）发色

黄发色——发色黄，发质柔软；

板栗色——发色呈棕黑色、板栗色、棕红色，发质柔软；

深棕色——发色偏黑，或深棕黑色，发质比较直；

黑　色——发色黑，质地硬，发丝粗且浓厚。（图4-7）

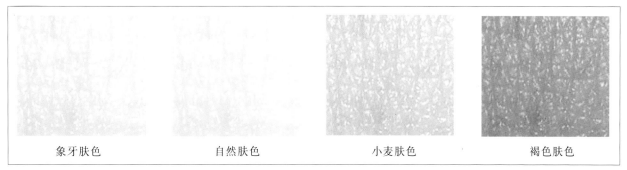

| 象牙肤色 | 自然肤色 | 小麦肤色 | 褐色肤色 |

图4-5　肤色

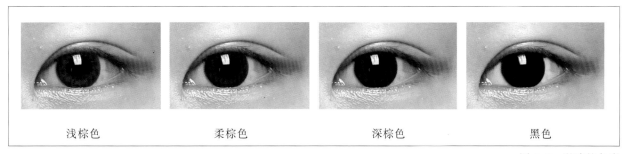

| 浅棕色 | 柔棕色 | 深棕色 | 黑色 |

图4-6　眼睛的色彩

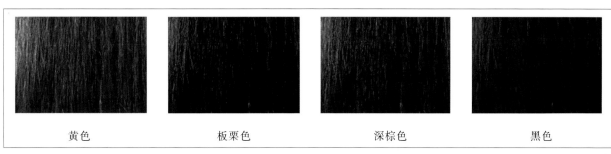

| 黄色 | 板栗色 | 深棕色 | 黑色 |

图4-7　发色

（四）唇色

橘红色——健康的橘色、可爱的粉橘色系,青春活力、活泼可爱;

玫瑰粉色——透亮自然的玫瑰红,优雅淑女;

铁锈红色——厚重的红色,明度较暗,成熟稳重;

紫红色——紫色和红色的叠加色,性感且时髦。(图4-8)

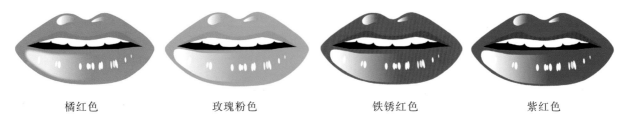

| 橘红色 | 玫瑰粉色 | 铁锈红色 | 紫红色 |

图4-8 唇色

（五）黑色素痣的颜色显现

漆黑色或蓝黑色——面部的痣颜色较深,多呈较深冷的颜色,明显但数量不多;

黄褐色或棕色——面部的痣颜色较浅淡,呈黄褐色或棕色,色调偏暖,数量较多且密集。(图4-9)

通过以上的目测对照观察,可以对人的与生俱来的色彩有一个鉴别式的认识。当然,这种观察式的诊断必须是不施粉黛、不染发、不佩戴任何美瞳、素面朝天且在日常正常状态的情况下和自然光线下进行,这是确保个人色彩诊断结果正确率的前提条件。

| 漆黑色或蓝黑色 | 黄褐色或棕色 |

图4-9 痣的颜色

三　个人四季色彩理论

"四季色彩理论"是当今国际时尚界十分热门的话题,1974年由美国的"色彩第一夫人"卡洛尔·杰克逊女士发明,并迅速风靡欧美,后由佐藤泰子女士引入日本,研制成适合亚洲人的颜色体系。1998年,该体系由著名的色彩顾问于西蔓女士引入中国,并针对中国人的肤色特征进行了相应的改造。"四季色彩理论"给世界各国女性的着装带来巨大的影响,同时也引发了各行各业在色彩应用技术方面的巨大进步。玛丽·斯毕兰女士在1983年把原来的四季理论根据色彩的冷暖、明度、纯度等属性扩展为"十二色彩季型理论",而刘纪辉女士引进并制定的"黄种人十二色彩季型划分与衣着风格标准",成为黄种人色彩季型划分与形象指导的标准。

美国的卡洛尔·杰克逊女士将色彩按冷暖调子分成两种类型四组色群，由于每一组色群的颜色刚好与大自然四季的色彩特征相吻合，因此，就把这四组色群分别命名为"春""秋""夏""冬"。(图4-10)

四季颜色分为冷、暖两大色系，暖色系中又分为春、秋两组色调，冷色系中分为夏、冬两组色调。乍一看四组色群没有太大的区别，赤、橙、黄、绿、青、蓝、紫几乎都有，细看又有所区别，其区别就在于各组的色调不同。之所以把这四组色调用春、夏、秋、冬来命名，是因为它们的色彩特征与大自然中四季的色彩特征十分接近。如春的这组色群仿佛春天花园里桃红柳绿的景象，秋天的这组色群就好像秋季的原野一片金黄的丰收景象，夏天的这组色群会让人联想到夏季海边水天一色的感觉，而冬天的这组色群则让人联想到白雪皑皑的冬季，翠绿的圣诞树挂着颜色鲜艳的小礼物的景象。(图4-11)

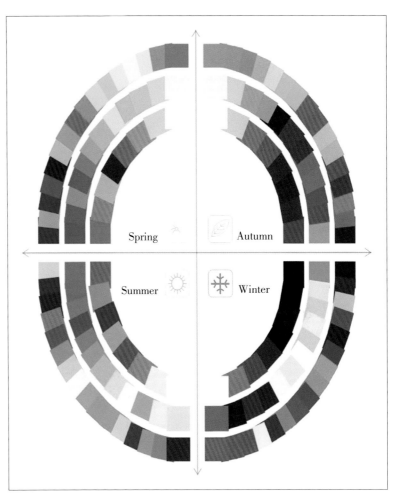

图4-10　个人四季色彩图

图4-11　四季风光景色

人体肤色的色相,集中在黄色相和红色相之间的橙色相区域。每一种特定的肤色色相在橙色相中会呈现不同的肤色特征,或者偏黄一些,如棕色、暗驼色、象牙色等,或者偏红一些,如粉红色、棕红色。

肤色按冷暖分为冷基调肤色、暖基调肤色、介于冷基调肤色和暖基调肤色之间冷暖倾向不明显的中性肤色,如图4-12所示。在四季色彩理论中属于暖色调的是春季型和秋季型,而冷色调的是夏季型和冬季型。由于每个人的色彩属性不一样,即天生的肤色、头发的、瞳孔的颜色、嘴唇的颜色,甚至笑起来脸上的红晕都是不同的,这些不同构成了"春""夏""秋""冬"每个人与生俱来的肤色特征,被称为个人的色彩属性。

诊断个人的色彩属性,首要任务就是在"春""夏""秋""冬"四组色彩群中,找出与自己的天生人体色彩属性相协调的色彩群组,确定个人的专属色彩群。参照遵循这个色彩规律才能合理应用到日常的化妆用色、服饰用色,甚至居室、周边环境用色中。

个人色彩四季型的主要特征如下,请对照识别。

呈现暖色倾向的肤色　　　　　　　　　　呈现冷色倾向的肤色

图 4-12　冷暖肤色倾向

(一)春季型的特征(暖色调)

春季,万物复苏、百花待放,柳芽的新绿,桃花、杏花的粉嫩,迎春花的亮黄,百草新生,大地草绿如茵……一组组明亮、鲜艳的俏丽颜色给人以扑面而来的春意和愉悦,构成了春天一派欣欣向荣的景象。

春季型的人与大自然的春天色彩有着完美和谐的统一感。她们往往有着玻璃珠般明亮的眼眸与纤细的皮肤,神情充满朝气,给人以年轻、活泼、娇美、鲜嫩的感觉。春季型的人需用鲜艳、明亮的颜色打扮自己,这样会比实际年龄显得年轻亮丽,如图4-13所示。

春季型人的特点——活泼、明艳。

您是春季型的人吗?

春季型人的诊断技巧:

春季型人有着明亮的眼睛,桃花般的肤色。他们穿上杏黄色或亮黄绿的上装,走在朵朵桃红、片片油菜花中,娇容月貌浑然一体,美不胜收。

肤色特征:浅象牙色、暖米色,细腻而有透明感;

眼睛特征:像玻璃球一样熠熠生辉,眼珠为亮茶色、黄玉色,眼白感觉有湖蓝色;

发色特征:明亮如绢的茶色、柔和的棕黄色、栗色,发质柔软。

(二)秋季型的特征(暖色调)

秋季,枫叶红与银杏黄相辉映,整个视野都是令人眩目、充满浪漫气息的金色调,金灿灿的玉米、沉甸甸的麦穗与泥土的浑厚、山脉的老绿,交织演绎出秋天的华丽、成熟与端庄……

秋季型的人有着瓷器般平滑的象牙色皮肤或略深的棕黄色皮肤,一双沉稳的眼睛,配上深棕色的头发,给人以成熟、稳重的感觉,是四季色中最成熟、华贵的代表,如图4-14所示。

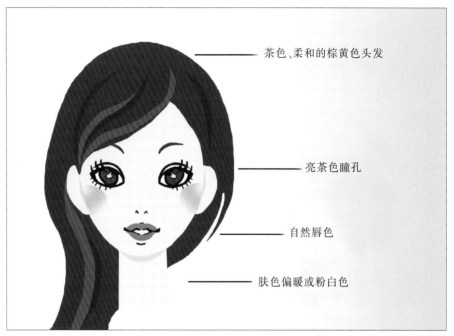

茶色、柔和的棕黄色头发

亮茶色瞳孔

自然唇色

肤色偏暖或粉白色

图4-13 春季型特点描述

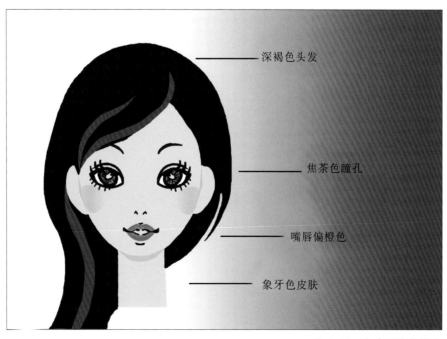

深褐色头发

焦茶色瞳孔

嘴唇偏橙色

象牙色皮肤

图4-14 秋季型特点描述

秋季型人的特点——自然、高贵、典雅。

您是秋季型的人吗？

秋季型人的诊断技巧：

秋季型的人应穿与自身色特征相协调的金色系，暖色为主，如此会显得自然、高贵、典雅。

肤色特征：瓷器般的象牙白色皮肤，深橘色、暗驼色或黄橙色；

眼睛特征：深棕色、焦茶色，眼白为象牙色或略带绿的白色；

发色特征：褐色、棕色、铜色、巧克力色。秋季型人的发质黑中泛黄，眼睛为棕色，目光沉稳，有陶瓷般的皮肤，绝少出现红晕，与秋季原野黄灿灿的丰收景象和谐一致。

（三）夏季型的特征（冷色调）

夏季，常春藤蜿蜒缠绕，紫丁香芳香四溢，蓝如海的天空、静谧淡雅的江南水乡、轻柔写意的水彩画……构成了一幅柔和素雅、浓淡相宜的图画。大自然赋予夏天一组最具表现清新、淡雅、恬静、安详的景色。

夏季型的人给人以温婉飘逸、柔和亲切的感觉。如同一潭静谧的湖水，会使人在焦躁中慢慢沉静下来，去感受清静的空间，如图4-15所示。

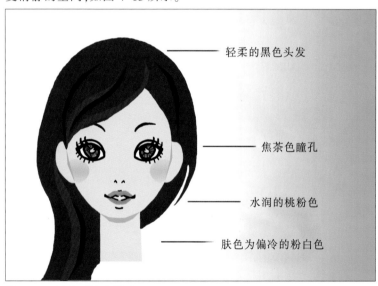

轻柔的黑色头发

焦茶色瞳孔

水润的桃粉色

肤色为偏冷的粉白色

图4-15　夏季型特点描述

夏季型人的特点——清爽、柔美、知性。

您是夏季型的人吗？

夏季型人的诊断技巧：

夏季型人拥有健康的肤色、水粉色的红晕、浅玫瑰色的嘴唇、柔软的黑发，给人以非常柔和、优雅的整体印象。夏季型人的身体色特征决定了轻柔淡雅的颜色才能衬托出她温柔、恬静的气质。

肤色特征：粉白、乳白色皮肤，带蓝调的褐色皮肤、小麦色皮肤；

眼睛特征：目光柔和，整体感觉温柔，眼珠呈焦茶色、深棕色；

发色特征：轻柔的黑色、灰黑色，柔和的棕色或深棕色。

（四）冬季型的特征（冷色调）

冬季，洁白无瑕、晶莹剔透的雪景，色彩艳丽的树挂，窗户上的冰花，神秘的森林，乌黑的夜幕，把鲜明比照的主题表现得淋漓尽致。

冬季型的人最适合用对比鲜明、饱和纯正的颜色来装扮自己。黑发白肤与眉眼间锐利鲜明的对比，给人以深刻的印象，充满个性、与众不同，如图4-16所示。

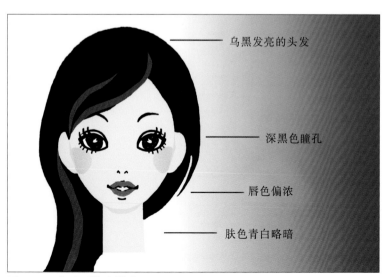

乌黑发亮的头发

深黑色瞳孔

唇色偏浓

肤色青白略暗

图4-16　冬季型特点描述

冬季型人的特点——惊艳、脱俗、热烈。

您是冬季型的人吗？

冬季型人的诊断技巧：

冬季型人有着天生的黑头发，锐利有神的黑眼睛，冷调子，面部几乎看不到红晕的肤色，俗称"冷美人"。雪花飘飞的日子，冬季型人更易装扮出冰清玉洁的美感。

肤色特征：青白色或略暗的橄榄绿、带青色的黄褐色；

眼睛特征：眼睛黑白分明，目光锐利，眼珠为深黑色或焦茶色；

发色特征：乌黑发亮黑褐色、银灰色、酒红色。

四 色彩季型与用色规律

（一）春季型

对于春季型人来说，黑色是最不适合的颜色，过深、过重或过旧的颜色都会与春季型人白色的肌肤、飘逸的黄发出现不和谐感，会使春季型人看上去显得暗淡。春季型人的特点是明亮、鲜艳，因此，用明亮、鲜艳的颜色打扮自己，会比实际年龄显得更加年轻、有活力。春季型人使用最广的颜色是黄色，当选择红色时应以橙红、橘红为主。

1. 春季型的用色技巧

春季型人的服饰基调属于暖色系中的明亮色调，如同初春的田野，微微泛黄。春季色彩群中最鲜艳亮丽的颜色，如亮黄绿色、杏色、浅水蓝色、浅金色等，都可以作为春季型人的主要用色穿着在身上，可突出轻盈朝气与柔美魅力同在的特点。用色范围最广的颜色是明亮的黄色，选择红色时，亦要以橙色、橘红为主。在服饰色彩搭配上应遵循鲜明对比的原则来突出自己的俏丽，如图4-17所示。

2. 春季型禁忌色

对春季型人来说，不能选过旧、暗沉或过重的颜色，黑色要避免靠近面部。如有深色的服装，可以把春季色群中那些漂亮的颜色靠近脸部下方，再与之搭配穿戴。

皮肤	浅象牙色、暖米色，细腻而有透明感	
发色	明亮如绢的茶色，柔和的棕黄色、栗色	
瞳孔色	瞳孔亮茶色、黄玉色，眼白感觉有湖蓝色	
唇色	自然唇色，珊瑚红、桃红色	
适合色	适合浅淡明亮的暖色调	

图4-17 春季型色彩群

3. 春季型服饰色彩搭配提示

白色:应选淡黄色调的象牙白。如象牙白的连衣裙搭配橘色的时尚凉鞋或包,鲜明的对比会让春季型人俏丽无比。

灰色:应选择光泽明亮的银灰色和由浅至中度的暖灰色。如浅灰与桃粉、浅水蓝色、奶黄色相配会体现出最佳效果。

蓝色:应选带黄色调的饱和明亮的蓝色。浅淡明快的浅绿松石蓝、浅长春花蓝、浅水蓝适合鲜艳俏丽的时装和休闲装;而略深一些的蓝色,如饱和度较高的皇家蓝、浅青海军蓝等适合用于职场。穿蓝色时与暖灰、黄色系相配为佳。浅驼色套装可同时与其他鲜艳的浅绿松石、淡黄绿色、清金色、橘红色相互组合搭配。可将驼色作为裤装或鞋子的颜色,上半身可以多用春季型人的鲜艳、明亮的色彩。

(二)秋季型

秋季型人的服饰基调是暖色系中的沉稳色调。浓郁而华丽的颜色可衬托出秋季型人成熟高贵的气质,越浑厚的颜色越能衬托秋季型人陶瓷般的皮肤。

1. 秋季型的用色技巧

秋季型人是四季色中最成熟、华贵的代表,最适合的颜色是金色、苔绿色、橙色等深而华丽的颜色。秋季型人选择适合自己的颜色的要点是颜色要温暖、浓郁。选择红色时,一定要选择与砖红色和暗橘红相近的颜色。秋季型人穿黑色会显得皮肤发黄,可用深棕色来代替,如图4-18所示。

2. 秋季型禁忌色

对秋季型人来说,不能选黑色、藏蓝色、灰色。深砖红色、深棕色、凫色和橄榄绿都可用来替代黑色和藏蓝色。灰色与秋季型人的肤色排斥感较强,如穿用一定要挑选偏黄或偏咖啡色的灰色,同时注意用适合的颜色过渡调和。

3. 秋季型服饰色彩搭配提示

在服装的色彩搭配上,秋季型人不太适合强烈的对比色,只有在相同的色相或相邻色相的浓淡搭配中才能突出服饰的华丽感。

白色:以黄色为底调的牡蛎色为宜,在春夏季与色彩群中稍柔和的颜色搭配,会显得自然大方、格调高雅。

蓝色:湖蓝色系或凫色,与秋季

皮肤	象牙色、深桔色、暗驼色或黄橙色	
发色	深暗的褐色、棕色或铜色、巧克力色	
瞳孔色	深棕色、焦茶色	
唇色	微微泛金的橙色或紫色	
适合色	适合浓郁浑浊的暖色调	

图4-18 秋季型色彩群

色彩群中的金色、棕色、橙色搭配,可以烘托出秋季型人的稳重与华丽。此外,还有沙青色等纯度不强的颜色选择。

以保守的棕色为主色调,与深金色、凫色、麝香葡萄绿、驼色做不同组合搭配,体现秋季型人的华丽、成熟、稳重。秋季要选择色彩群中较为鲜艳的凫色为主色调,可与色彩群中其他鲜艳色协调搭配。如以棕色系作为下半身的裤装和鞋子用色,把秋季色彩群中典型的橙色、森林绿、珊瑚红作为上半身的毛衣、大衣或外套用色。

(三)夏季型

夏季型人通常给人以文静、高雅、柔美的感觉,可用蓝基调扮出温柔雅致的形象。选择适合颜色时,一定要柔和、淡雅。过深的颜色会破坏夏季型人的柔美,中度的灰适合夏季型人的朦胧感。在色彩搭配上,应避免反差大的色调,适合在同一色相里进行浓淡搭配。

1. 夏季型的用色技巧

夏季型最适合颜色的要点是:要选择柔和、淡雅且不发黄的颜色。夏季型人适合穿深浅不同的各种粉色、蓝色和紫色,以及有朦胧感的色调。以蓝色为底调的轻柔淡雅的颜色,这样才能衬托出穿着者温柔、恬静的个性。选择黄色时,一定要慎重,应选择让人感觉稍微发蓝的浅黄色。而选择红色时,要以玫瑰红色为主,如图4-19所示。

皮肤	带蓝调的粉白、乳白、水粉色红晕	
发色	轻柔的黑色、柔和的棕色或深棕色	
瞳孔色	瞳孔焦茶色、深棕色或玫瑰棕色	
唇色	桃粉色、水润十足	
适合色	适合浅淡浑浊的冷色调	

图 4-19　夏季型色彩群

057

2. 夏季型的禁忌色

橙色、黑色、藏蓝色、棕色、过深的颜色都会破坏夏季型人的柔美。

3. 夏季型服饰色彩搭配提示

在色彩搭配上，最好避免反差大的色调，适合在同一色相里进行浓淡搭配，或者在蓝灰、蓝绿、蓝紫等相邻色相里进行浓淡搭配。

白色：以乳白色为主，在夏天穿着乳白色衬衫与天蓝色裤裙搭配有一种朦胧的美感。

灰色：会显得非常高雅，但要注意选择浅至中度的灰，不同深浅的灰色与不同深浅的紫色及粉色搭配最佳。

蓝色系非常适合夏季型人，颜色的深浅程度应在深紫蓝色、浅绿松石蓝之间把握。深一些的蓝色可作为大衣、套装用色，浅一些的蓝色可作为衬衫、T恤衫、运动装或首饰用色，但要注意夏季型的人不太适合藏蓝色。职业套装可用一些浅淡的灰蓝色、蓝灰色、紫色来代替黑色，既雅致又干练。

以蓝灰色为主色调，运用适合夏季型人的浅淡渐进搭配或相邻色搭配原则，选用浅淡柔和的颜色作为衬衣、毛衫和连衣裙的用色。

紫色是夏季型人的常用色，选择鲜艳的紫色作为套装用色，与夏季型色彩群中其他的颜色进行组合搭配，可以穿出不同的感觉。选择蓝紫色作为裤装和鞋子用色，上半身选择色彩群中浅紫色、淡蓝色、浅蓝黄、浅正绿色，既有浓淡搭配，又有相对柔和素雅的对比效果。

皮肤	青白色或略暗的橄榄色、带青色的黄褐色	
发色	乌黑发亮、黑褐色、银灰、深酒红	
瞳孔色	瞳孔为深黑色、焦茶色，黑白分明	
唇色	偏浓的酒红色或紫红色	
适合色	适合鲜艳浓重的冷色调	

图4-20 冬季型色彩群

（四）冬季型

冬季型可用原色调扮出冷峻惊艳的形象，色彩基调体现的是"冰"色。在四季颜色中，只有冬季型人最适合使用黑、纯白、灰这三种颜色，藏蓝色也是冬季型人的专利色。冬季型人着装一定要注意色彩的对比，只有对比搭配才能显得惊艳、脱俗。

1. 冬季型的用色技巧

冬季型最适合的颜色的要点是颜色要鲜明、光泽、纯色。如各国国旗上使用的颜色；原汁原味的原色——红、蓝、绿；无彩色以及大胆热烈的纯色系都非常适合冬季型人的肤色与整体感觉，如图4-20所示。

2. 冬季型的禁忌色

冬季型的禁忌色是缺乏对比的色彩。

3. 冬季型服饰色彩搭配提示

在四种季型中，只有冬季型人最适合黑、白、灰这三种颜色，也只有在冬季型人身上，"黑白灰"这三个大众常用色才能得到最好的演绎，真正发挥出无彩色的鲜明个性。但一定要注意的是，穿深重颜色的衣服时，一定要有对比色出现。

白色：白色、纯白色是国际流行舞台上的惯用色，通过巧妙的搭配，会使冬季型人奕奕有神。

灰色:冬季型人适用深浅不同的灰色,与色彩群中的玫瑰色系搭配,可体现出冬季型人的都市时尚感。如选择基础色中的深灰色作为主色调,可与冬季型色彩群中的白色、亮蓝色、亮绿色、柠檬黄、紫罗兰色相互搭配。

藏蓝色:藏蓝色也是冬季型人的专利色,适合作为套装、毛衣、衬衫、大衣的用色。

以鲜艳、纯正的正绿色为例,冬季型人可以大胆尝试让其与冰绿色、柠檬黄、蓝红色进行搭配。再如以红、绿、宝石蓝、黑、白等为主色,以冰蓝、冰粉、冰绿、冰黄等为配色点缀其间,能显得惊艳脱俗。

当然,还有些人的人体色彩不是很明显,兼有两种不同特点,我们也可以称其为混合型。而春秋混合型中分为偏春型、偏秋型;夏冬混合型中分为偏夏型、偏冬型。

春秋混合型:偏春型、偏秋型。

偏春型

皮肤:白皙、浅象牙色,透明度适中。

红晕:较少红晕。

眼睛:明亮有神。眼白湖蓝色,眼珠呈现棕色。

头发:柔软的浅棕或棕色。

整体印象及特点:春秋色彩都能驾驭,偏年轻,偏春季型特征。

偏秋型

皮肤:浅象牙色、象牙色,较不透明。

红晕:不易红晕。

眼睛:偏沉稳。眼白湖蓝色,眼珠呈现深棕色、棕色。

头发:深棕色、深褐色。

整体印象及特点:春秋色彩都能驾驭,偏成熟,偏秋季型特征。

夏冬混合型:偏夏型、偏冬型。

偏夏型

皮肤:略带青的白色或驼色。

红晕:较少红晕,或略呈玫瑰红色。

眼睛:沉稳柔和,眼白呈柔白色、浅湖蓝色,眼珠呈现深棕色、焦茶色。

头发:深棕色、黑色。

整体印象及特点:夏冬色彩都能驾驭,偏柔和,偏夏季型特征。

偏冬型

皮肤:非常白皙或发暗的橄榄色。

红晕:不易红晕,或略带红晕。

眼睛:黑白对比,明亮对比。眼白为冷白色、柔白色,眼珠呈现黑色、暗棕色。

头发:深棕色、黑色。

整体印象及特点:夏冬色彩都能驾驭,偏冷艳,冬季型特征略微明显。

五 色彩十二季型

继国际"四季色彩理论"之后,英国 Color me beautiful 色彩机构的色彩专家玛丽·斯毕兰女士于1983年在原有的四季的基础上,根据色彩冷暖、明度、纯度等三大属性之间的相互联系把四季扩展为十二季,即浅春型、暖春型、净春型;浅夏型、柔夏型、冷夏型;暖秋型、深秋型、柔秋型;净冬型、冷冬型、深冬型。根据深浅、冷暖、净柔的特征进一步诠释"春""夏""秋""冬"季型,对个人色彩进行了更加准确地诊断和定位。

（一）深型

人们常说的"黑美人"大多属于深型。面部整体特征是给人深重的强烈感。而深型人的固有特征是头发、眼睛、皮肤的颜色都很深重。

头发：乌黑浓密；

眼睛：深棕褐色至黑色，很多人眼白部分略带青蓝色；

肤色：中等至深色，多为深象牙色，或带青底调的黄褐色、带橄榄色调的棕黄色，肤质偏厚重（绝不可能很白）。

1. 深秋型

深秋型的人，头面部呈现一种温暖的调子，有如深秋季节里被夕阳镀上了一层金光。中等至深肤色，眼睛的颜色从深棕到黑色，肤质不太透明，很多深秋型人一眼看上去带有东南亚或南亚的异域风情。

眼珠：呈现深棕色、焦茶色；

眼白：呈现湖蓝色；

眼神：沉稳，给人印象深刻；

皮肤：匀整的深象牙色，或带橄榄色调的棕黄色，肤质偏厚重，脸颊不易出现红晕；

毛发：有光泽感的深棕色或黑色。

深秋型人适合的颜色：深沉浓郁的黄底调的颜色，具有深秋季节大自然的味道。

深秋型人适合的色彩举例：

白：柔白、象牙白、黄白、奶油色；

红：铁锈红、赤褐色、棕红色、砖红、番茄红、猩红；

粉：鲑肉粉、珊瑚粉、桃粉、杏粉、热粉；

橙：金橙色、赤橙色、暗橙色；

黄：鲜黄、芥末黄、驼色；

绿：苔绿、松石绿、森林绿、橄榄绿、松绿、翠绿、薄荷绿；

蓝：深长春花蓝、中国蓝、凫色、海军蓝；

紫：皇家紫、茄紫色、棕紫色；

灰：炭灰、灰褐色；

黑：可以用黑，但要用浓重的番茄红、松石绿、鲜黄等颜色来做对比分明的搭配。

建议：深秋型的服装色彩搭配浓烈而华美，极具异域风情和神秘感，大胆试用深秋的红色系与绿色系的搭配，有惊艳的感觉。饰品可以选择泥金、哑金等成色很高的黄金制品，或赤铜镶嵌琥珀、玛瑙、黄玉、红宝石、祖母绿等饰品。

2. 深冬型

深冬型的人整体呈现一种深冷的调子，肤色以中等深浅的麦色至青褐的暗黄皮肤为主，乌黑的眼珠，浓黑的头发。

眼珠：呈现深褐色或黑色，眼白带青白；

眼神：锐利、分明；

皮肤：匀整的、瓷器般的中等深浅的小麦色，或青褐的暗黄色，脸颊不易出现红晕；

毛发：乌黑、有光泽。

深冬型人适合的色彩：蓝底调的浓烈深沉的颜色，反差强烈的对比搭配。

深冬型人适合的色彩举例：

白：纯白、雪白、青白，不适合用柔白、灰白、黄白等不纯净的白；

红：正红、蓝红、猩红、酒红、番茄红；

粉：热粉、艳玫瑰粉、冰粉；

橙：不太适合橙色系；

黄:柠檬黄、冰黄;

绿:正绿、松绿、宝石绿、翠绿、橄榄绿、森林绿、薄荷绿;

蓝:正蓝、亮长春花蓝、中国蓝、海军蓝、鲜蓝、艳蓝;

紫:皇家紫、冰紫、茄紫、深紫;

棕:黑棕色,不适合黄底调的咖啡色;

灰:炭灰、铅灰;

黑:适合穿黑色,尤其是有光泽的黑,但肤色深暗的深冬型人不要让黑色太靠近脸部,可以用猩红、正绿、中国蓝、倒挂金钟紫、热粉等颜色去搭配。

建议:深冬型人用色可以大胆跳跃,也可以尝试着用艳丽的玫瑰红、热粉等高饱和度的颜色与黑色配穿,提亮肤色。最适合搭配闪亮的白金饰品,镶嵌色彩浓艳的蓝宝石、红宝石、钻石、祖母绿,服饰与人相映生辉,淡雅柔和的颜色和搭配只能让深冬型人黯然失色。在中国,深冬型人要多过深秋型人,而在东南亚一带则是深秋型人较多。

(二)浅型

具有浅型特征的人,发色、肤色、眼睛的颜色三者总体来说是轻浅的、柔和的,缺乏对比、不分明。

肤色:从很白的肤色至中等深浅的肤色都有,但肤质都偏薄,不会太厚重;

眼睛:黄褐色至棕黑色,眼白有略呈淡淡的湖蓝色的,也有一般常见的柔白色;

头发:不会特别乌黑,基本上是从黄褐色至深棕色的发色。

1.浅春型

浅春型的人肤色通常呈现一种淡淡的象牙白,红晕是珊瑚色或鲑肉粉。但有一部分人的肤色并不白,有种杏色的感觉,但眼珠通常不会很黑,在浅黄褐色到棕色之间,发色也偏黄。

肤色:浅象牙白、杏色,脸上有红晕或珊瑚色或鲑肉粉;

眼睛:浅黄褐色到棕色之间;

发色:偏黄。

浅春型人适合的颜色:带有淡黄底调的清亮明快的颜色。

浅春型人适合的色彩举例:

白:象牙白、柔白、奶油白;

红:珊瑚红、鲑肉红、橘红、桃红;

粉:桃粉、杏粉、浅肉粉色、米粉色、鲑肉粉、桃粉;

橙:浅橙色、浅橘黄;

黄:浅黄、淡黄、浅金黄、驼色;

绿:黄绿、淡黄绿、淡苔绿、松石绿、袅绿色、云杉绿;

蓝:浅水蓝、长春花蓝、中蓝、浅海军蓝;

紫:淡红紫、皇家紫、紫罗兰色;

棕:浅黄棕色、浅咖啡、驼色;

灰:米灰、浅灰、中灰、鼠灰、可可灰、灰褐色;

黑:基本上不适合穿黑色,除非场合需要,但要以炭灰黑为主。

建议:浅春型的女士不能用浓暗的颜色,否则显得疲惫,也不要用过于鲜艳的颜色和强烈的对比搭配,总之,把握在浅至中等深度、温暖的浅黄色调、明净清亮的颜色范围内就会让浅春型人天生的明媚充分发挥出来。浅春型很适合搭配 10~18 K 的黄金饰品,还有黄水晶、蛋白石、羊脂玉、钻石、浅绿松石、珊瑚、黄珍珠等饰品。

2.浅夏型

浅夏型的人,肤色粉白,带有玫瑰粉的红晕。肤质有粉粉嫩嫩的感觉,但不是晶莹透明而是有点磨砂玻璃的朦胧感。

肤色：粉白,略带玫瑰粉、粉嫩质感；

眼睛：眼珠通常呈浅褐色；

发色：可可色、栗子色,发质柔软的居多。

浅夏型人适合的颜色：带有浅灰蓝底调的轻柔淡雅的颜色。

浅夏型人适合的色彩举例：

白：灰白、米白、柔白、乳白、银白；

红：西瓜红、玫瑰红、蓝红、水红、西洋红；

粉：玫瑰粉、水粉、雾粉；

橙：应回避橙色系,因为没有冷调子的橙色；

黄：淡黄、奶油黄；

绿：海绿色、清水绿、蓝绿色、云杉绿；

蓝：天蓝、中蓝、浅长春花蓝、浅海军蓝；

紫：薰衣草紫、紫罗兰紫、皇家紫；

棕：玫瑰棕、灰棕色、灰褐色,不能用黄底的纯咖啡色,特别显老；

灰：米灰色、浅灰、中灰；

黑：不适合穿黑色,可以用鼠灰、无烟煤灰黑色代替。

建议：以白色、浅紫色、浅绿色为主色搭配灰色、蓝色或深紫色,轻盈、楚楚动人,给人纯洁、温和、乖乖女的形象。以磨砂、哑光的白金、白银饰品为主,色彩浅淡的红蓝宝石、蛋白石、羊脂玉、钻石等都是很好的选择。

(三)冷型

具有冷型特征的人,整个头面部笼罩在一种青色的底调中。

头发：从灰棕褐色至黑色都有；

眼睛：褐色至黑色；

肤色：青白色、白里透玫瑰粉、青黄色、青褐色；

整体特征：青冷底调、明净。

1. 冷夏型

普遍来讲,冷夏型人的发色都带有一种灰褐色、灰可可色的调子,但是,有的冷夏型人也是很黑的发色。一般冷夏型人的肤色不会很深,从白里透粉到小麦色都有,但肤质不会晶莹透亮,是一种不透明的质感,被形容为"磨砂玻璃"。

肤色：白里透玫瑰粉、小麦色,不透明质感；

眼睛：瞳孔褐色或黑色,眼白略带青白；

发色：灰褐色、灰可可色。

冷夏型人适合的颜色：中等至偏低纯度的蓝底调颜色,不能过于艳丽鲜亮,但也不要过于灰暗,最重要是不能选用偏黄的颜色。

冷夏型人适合的色彩举例：

白：柔白、米白；

红：玫瑰红、蓝红、木莓红、李子红、西瓜红、西洋红；

粉：玫瑰粉、雾粉、冰粉、水粉；

橙：应回避橙色系；

黄：慎用黄色,只适合淡黄；

绿：带蓝底的绿色、云杉绿、海绿、薄荷绿、蓝绿；

蓝：中国蓝、天蓝、淡蓝、海军蓝、灰蓝、长春花蓝；

紫:玫瑰紫、薰衣草紫、皇家紫、柔倒挂金钟紫;

棕:玫瑰棕、可可色、灰褐色、铅锡色等带灰调子的棕色,不要用纯正的咖啡色;

灰:浅灰、中灰、炭灰、蓝灰、粉灰、米灰;

黑:不适合纯黑色,显得老气;如需穿深暗色的场合,可以选择云杉绿、海军蓝、深灰蓝、炭灰色等代替。

建议:服装的配色窍门在于统一的底调,而不是把看上去很相似的颜色配在一起。如以紫色、洋红色、绿色为主色,色调微浑浊来体现成熟的感觉,饰品最好以白金、白银系列为主,或深深浅浅的红宝石、蓝宝石、绿宝石、粉水晶、紫水晶、乳白色的珍珠、天然的石头。

2. 冷冬型

冷冬型的人普遍拥有黑亮的头发和眼睛,眉眼清晰明朗。拥有像钻石般耀眼的气质,冷艳夺目。

肤色:从青白至青褐色都有,有些带有玫瑰粉的红晕,明净;

眼睛:眼白通常泛有淡淡的蓝色,眉眼清晰明朗;

发色:乌黑、光泽。

冷冬型人适合的颜色:艳丽、纯正的冷色调颜色。

冷冬型人适合的色彩举例:

白:纯白;

红:蓝红、木莓红、紫红、艳玫瑰红;

粉:热粉、冰粉、玫瑰粉、深玫瑰色;

橙:不适合橙色系;

黄:淡黄、冰黄、柠檬黄;

绿:翠绿、松绿、蓝绿;

蓝:正蓝、宝石蓝、皇家蓝、中国蓝、水蓝、冰蓝;

紫:皇家紫、杨梅紫、倒挂金钟紫;

棕:不适合纯咖啡色,可以穿黑棕灰;

灰:冰灰、浅灰、中灰、炭灰、灰褐、铅锡灰;

黑:有光泽感的黑色。

建议:不强调明度,深深浅浅的颜色都可以。以红黑色、红色、黄色为主色,色调明艳以体现夸张感;以黑色、深蓝、暗绿色为主,色调暗浑、厚重,以体现冷酷的距离感,性感而冷艳。搭配饰品可选择闪闪发光的白金、白银饰品,色泽明艳的红、蓝宝石,以及祖母绿、绿松石、翡翠、钻石等一切都能放射出冷冷的光芒的首饰。总之,冷冬型人的用色规律可以用"艳如桃李,冷若冰霜"来形容。

(四)暖型

暖型的人有一种天生的金色光彩笼罩在整个头面部,所以,也只有用带有金色光彩的颜色才能把暖型人的美丽调动起来。

头发:通常都会泛黄,有浅褐色、棕黄色、棕黑色;

眼睛:很多暖型人眼白部分都是健康的黄白色;

肤色:脸色有一种温暖的橘色的底调,从黄白至象牙色至深黄色都有。

面部整体特征:温暖、橙底调。

1. 暖春型

暖春型的人肤色从浅白到中等深度,没有太深暗的肤色,肤质相对感觉较薄且通透,有些暖春型人隐隐带有一层红晕,所以皮肤往往莹白透粉,很细嫩;眼睛的颜色从黄褐色到黑棕色。

肤色:从浅白或中等深度,肤质较薄且通透,莹白透粉,细嫩;

眼睛:黄褐色或黑棕色;

发色:暖栗子色、棕黄色。

暖春型人适合的颜色:明快、鲜亮、轻浅的黄底调色系。

暖春型人适合的色彩举例:

白:象牙白、浅黄白,不要用纯白色、青白色;

红:南蛇藤红、橘红、珊瑚红、番茄红;

粉:鲑肉粉、珊瑚粉、杏粉、桃粉;

黄:鲜黄、蛋黄、奶油黄、浅黄;

蓝:长春花蓝、浅水蓝、浅凫色;

紫:浅红紫、皇家紫;

棕:浅咖啡、金棕色、深棕色、驼色、青铜色;

灰:暖灰、浅灰、中灰、炭灰、米灰;

黑:暖春型人也要远离黑色,黑色靠近脸部会使脸上的细纹、鼻唇沟、嘴周围的暗色加重,即使是黑色的裙子、裤子也会显得沉闷,缺乏活力。

建议:以珊瑚红、红紫色、橙黄色、黄绿色等为主色,或像春日里阳光下的花园一样,鲜绿、桃红、鹅黄都能给人妩媚高贵的印象。亮泽的黄金饰品是暖春型最好的选择。

2. 暖秋型

暖秋型人的面容因为有金色的底调而显得华丽,所以,中等至低明度的暖色调会让暖秋型人焕发出华美的光彩。

肤质:象牙色、深橘色、黄橙色,没有暖春型人那么透明;

眼睛:焦茶色或深棕色;

发色:铜色、巧克力色。

暖秋型人适合的颜色:秋天大自然的色彩,满山红叶,金色麦田,熟透的金橘,秋天落日的余晖为万物镀上一层金光,暖秋型人是组成这美好画面的最和谐的一部分。

暖秋型人适合的色彩举例:

白:略带黄底色的白、象牙白、奶油白;

红:番茄红、铁锈红、砖红、橘红;

粉:鲑肉粉、杏粉、桃粉、珊瑚粉;

橙:金橙色、南瓜色、赤陶色、赤褐色;

黄:芥末黄、金黄、鲜黄、牛皮黄、驼色;

绿:黄绿、苔绿、军绿、森林绿、松石绿、橄榄绿、青铜色;

蓝:孔雀蓝、深长春花蓝、浅海军蓝等带红或黄底调的蓝色;

紫:茄紫、皇家紫;

棕:咖啡、黄棕色,比其他季型更适合咖啡色;

灰:炭灰、暖灰、米灰,不适合冷灰、青灰;

黑:最好回避黑色。

(五)净型

净型人最大的特点就是发色、眼睛与肤色形成了鲜明的对比。净型人最突出的特点是眼神明亮清澈;肤色从雪白到中等深度,不会很深暗;但发色、眉眼的色泽很强烈,所以决定了净型人要用分明且极端的颜色,而且在搭配上也要大胆,对比强烈。净型人本身就是一颗钻石,属于净型人的色系就是照射在钻石上的光,有了这束光,钻石才会生辉。

发色:黑棕色至乌黑发亮的头发;

眼睛:黑白分明,眼睛很有神采;

肤色:象牙白、青白,最常见的浅色皮肤;

整体面容:明净、清澈,对比分明;

净型人禁穿泛旧的衣服。

1. 净春型

净春型人面容的冷暖调子不太明显,略偏向暖色调,发色多为棕黑色,眼睛明亮。

肤色:冷暖调子不太明显;

眼睛:明亮清澈;

发色:深棕色或黑色。

净春型人适合的颜色:不太强调色彩的冷暖调子,只要明快、鲜亮、耀眼的颜色就好。

净春型人适合的色彩举例:

白:柔白、亮白、象牙白,灰白不适宜;

红:大红、明红、西瓜红、猩红、珊瑚红、深玫瑰红;

粉:暖粉、热粉、樱桃粉、珊瑚粉、亮鲑肉粉;

橙:亮橙色、鲜橙色;

黄:柠檬黄、鲜黄、浅金黄;

绿:淡黄绿、亮黄绿、森林绿、松石绿、宝石绿、翠绿、薄荷绿;

蓝:浅水蓝、水蓝、皇家蓝、亮长春花蓝;

棕:黑棕色,不太适合泛黄、泛红的咖啡色;

黑:唯一可以用"黑"的春季型人,最好用大红、暖粉、柠檬黄、翠绿、水蓝等艳丽的颜色来配穿。

建议:净春的颜色比净冬的颜色更明亮、更轻浅,略略带有一点点黄色。净春型人的用色原则不仅要求颜色鲜亮,而且在配色上还要把它们对比搭配好。所有闪闪发光的饰品都是最好的配饰选择。

2. 净冬型

净冬型人的固有色特征比净春型人更强烈,色泽更浓重,肤色带青底调,有青白、浅青黄等肤色,因为该类型人有着乌黑的头发、黑亮的眼睛、浅色的皮肤,素有"白雪公主型"的美称。

肤色:青底调,青白、浅青黄;

眼睛:黑亮,乌溜溜的黑眼睛;

发色:乌黑、亮泽。

净冬型人适合的颜色:冷色调,色彩饱和度高的颜色。

净冬型人适合的色彩举例:

白:纯白、青白、雪白,避免带杂色的白;

红:蓝红、正红、西瓜红、木莓红;

粉:冰粉、热粉、艳玫瑰粉;

橙:不太适合橙色系,它会使肤色不匀整;

黄:冰黄、淡黄;

绿:翠绿、松绿、宝石绿、凫绿;

蓝:正蓝、中国蓝、品蓝、海军蓝、皇家蓝、水蓝、亮长春花蓝;

紫:皇家紫、紫罗兰色、倒挂金钟紫、紫水晶色;

棕:黑棕色,不太适合用泛黄、泛红的咖啡色;

灰:浅灰、中灰、炭灰、灰褐色、铅锡灰;

黑:有光泽的黑色。

建议:以红紫色、红色、黑色为主色,给人美艳华丽感;以宝蓝色、黑色、紫色为主色搭配酷感十足,给人利落干练的印象。首饰则要选择白金镶钻、蓝宝石、红宝石、翡翠、祖母绿等饰品。

（六）柔型

柔型特征的人面容柔和朦胧，发色、眼睛、脸色之间缺乏鲜明的对比，肤色、发色都笼罩在一种灰色基调中。

柔型人的固有色特征为整体面容有一层灰雾的感觉，色彩不分明，色感不强烈。

头发：一般不会特别乌黑发亮，带有棕黄或灰黄的色调；

眼睛：也不会是乌溜溜的黑眼珠，而是黄褐色的；

肤色：象牙白、中等深浅的肤色，肤质不会晶莹剔透，像磨砂玻璃；

整体面容：瑰丽、柔和。

1. 柔夏型

柔夏型人的固有色特征为玫瑰粉的面庞，肤色中等偏浅，目光平和，带灰可可色、亚麻色调的柔软黑发，整个人透出一种甜美的气息。

肤色：中等偏浅的肤色，面部略带玫瑰粉；

眼睛：灰可可色，目光平和；

发色：亚麻色调或黑发，发质柔软。

柔夏人适合的颜色：每种颜色都带有灰蓝底调，冷静柔和，雅致平实。

柔夏人适合的色彩举例：

白：柔白、米白、灰白，不适合用雪白；

红：玫瑰红、西瓜红、木莓红、李子红、杨梅红；

粉：玫瑰粉、水粉、柔玫瑰粉、雾粉；

橙：应回避橙色，否则脸色发黄，显得老气；

黄：淡黄色、奶油色、玫瑰哔叽色、香槟黄；

绿：绿玉色、绿松石色、柔凫色、薄荷绿、蓝绿、海绿、水绿；

蓝：中蓝色、长春花蓝、灰蓝、海军蓝；

紫：烟灰紫、皇家紫、紫水晶色、兰花紫、柔倒挂金钟紫、葡萄紫；

棕：玫瑰棕、可可色，禁用纯正的暖咖啡色，显老气；

灰：米灰、中灰、浅灰、炭灰、粉灰、蓝灰，只要不太极端的灰色都可以；

黑：不适用。

建议：柔夏型人穿衣配色用相近的颜色搭配就是很恰当的选择。深灰、浅灰、灰紫搭配水绿、浅蓝、月亮黄等都能体现柔和感。磨砂哑光的白金饰品，或镶嵌蛋白石、羊脂玉、粉水晶、玫瑰红宝石、绿玉都能散发出柔美的光泽。

2. 柔秋型

柔秋型人的固有色特征为发色偏黄，就像我们常说的"黄毛丫头"的那种黄头发，眼珠也是黄褐色的，瑰丽柔和的肤色，很可能还带有浅橄榄色的雀斑。

肤色：瑰丽柔和，可能还有浅橄榄色雀斑；

眼睛：黄褐色；

发色：发色偏黄，发质柔软。

柔秋型人适合的颜色：偏暖调子的中等明度的混合色。

柔秋型人适合的色彩举例：

白：奶白、黄白、柔白；

红：铁锈红、深玫瑰红、番茄红、珊瑚红；

粉：杏粉、橙粉、珊瑚粉、鲑肉粉、深玫瑰粉、桃粉；

黄：奶黄色、驼色、浅金黄。

建议：要回避冷暗的颜色，如海军蓝、黑色等，因为脸色会显得苍白，没有生气。以米色、卡其色、棕色为主色，色调浑浊能体现稳重感。适合光泽感不强的合金饰品，或黄珍珠、黄玉，浅色的玛瑙、琥珀，色泽柔和的珊瑚等。

六 色彩诊断方法

（一）色彩诊断基本条件

1. 外在环境

（1）在自然光线条件下鉴定，若条件受限，也可在白炽灯光下鉴定，但灯光的光源距离被鉴定者需 1 米以上距离；

（2）如果在室内，周围环境为白色，无大面积的有彩色或反射光；

（3）室内温度避免过热或过冷，以免影响诊断结果。

2. 被诊断者的要求

（1）被诊断者应先卸妆，以本身肤色为基准；

（2）如果皮肤有过敏、暴晒、饮酒等状况，应等其恢复自然状态后再做鉴定；

（3）应先摘取外带眼镜或美瞳；

（4）被诊断者的头发如果有漂染或染发，应戴上白色帽子或固定遮挡头发；

（5）如果被诊断者有纹眉、纹眼线、纹唇等情况，应排除其干扰因素；

（6）颈部以上不要戴首饰。

（二）色彩诊断专用工具

色彩专用工具包括：镜子、白围布、发卡、唇膏、丝巾、季型鉴定专用色布等。

1. 镜子

镜子摆放要与光线成对立面，光线均匀，避免形成"阴阳脸"。

2. 白围布

用于遮挡被诊断者身上服饰的颜色，最好能盖住至膝盖以上的位置。

3. 发卡（发带）

遮住额头或面部的头发都应用发卡或白色发带向后固定。

4. 丝巾

用于诊断结果出来后，服饰造型时使用。

5. 唇膏（唇彩）

符合春、夏、秋、冬四季色彩特征的多种唇彩，用于验证或判断诊断结果是否正确。

6. 季型鉴定专用色布

季型鉴定专用色布是色彩鉴定必备的工具之一，共 20 块，分春、夏、秋、冬四组，每组中有 5 块色布，包括不同色彩倾向的粉、黄、红、绿、蓝。色彩顾问可依据不同的色布快速找出适合被诊断者的色彩群，为其正确着装用色提供科学的依据，如图 4-21 所示。

图 4-21 鉴定专用色布

7. 四季色彩识色用本

四季色彩识色用本是四季色彩理论专业工具。里面包含了春、夏、秋、冬四个类型的色彩群,一般是色彩顾问在为被诊断者进行色彩鉴定后,为其讲解用色范围时使用,是顾客选择色彩的一个参照物,利用四季色彩识色用本能更快地识别色彩,便于色彩搭配,如图4-22所示。

8. 验证色布

用于验证色彩诊断过程中的冷暖验证阶段,采用金属色中极冷的金色和极暖的金色强调或验证诊断结果,如图4-23所示。

9. 色调鉴定测试专用色布

色调专用色布共46种颜色,分为8组:粉、黄、红、绿、蓝、棕、橙、紫。用于季型鉴定测试后,帮助被鉴定者找到个人专属色彩群或为其服饰色彩搭配提供方案,如图4-24所示。

10. 肤色色卡

四季色彩肤色色卡,是根据亚洲人或中国人肤色研发的测试卡。里面包含18种日常生活中的常见肤色,是用于帮助寻找出个人的肤色季型属性的专用工具,如图4-25所示。

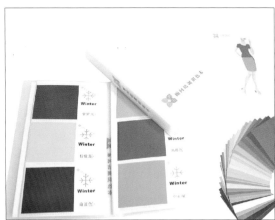

图4-22 四季色彩识色用本

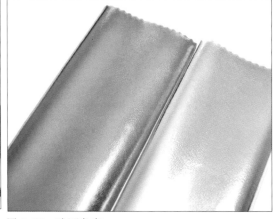

图4-23 验证色布

图4-24 色调鉴定测试专用色布

图4-25 肤色色卡

(三)色彩诊断流程

第一步:目测观察诊断者的服饰用色和人体色特征;

第二步:先为被诊断者卸妆、整理头发,并用白色围布遮挡被诊断者的上半身服装的色彩;

第三步:交替春季型和夏季型的色布,观察皮肤因色彩冷暖而产生的变化;

第四步:交替秋季型和冬季型的色布,观察皮肤因色彩冷暖而产生的变化,初步判断出其冷暖倾向;

第五步:用口红和金银色布验证冷暖结果;

第六步:比较春、秋或夏、冬色布,观察交替色布时,因色彩轻重而产生的变化,得出初步鉴定结果;

第七步:用色布做正、反造型验证初步结果,得出鉴定结果;

第八步:用46块色布和丝巾为被鉴定者确定其适合的色调;

第九步:根据被鉴定者的其他因素做调整;

第十步:为被鉴定者讲解鉴定报告,进行专属色彩群及服饰色彩搭配规律分析及介绍。

依照下表4-1所示,亲自实践色彩诊断全过程。

表4-1 个人色彩诊断流程图表

目测被诊断者的服饰用色情况

用白布把被诊断者上半身挡住

为被诊断者卸妆

整理被诊断者的头发

比较春、秋交替色布观察皮肤因冷暖产生的变化

比较夏、冬交替色布观察皮肤因冷暖产生的变化

金银色布、冷暖唇膏验证冷暖结果

如果被诊断者肤色特征属于暖基调,比较春、秋交替色布,观察皮肤因轻重产生的变化

如果被诊断者肤色特征属于冷基调,比较夏、冬交替色布,观察皮肤因轻重产生的变化

用丝巾和色布做造型验证结论

总结并给出被诊断者的个人用色规律

(四)色彩诊断案例分析

例一:春季型(图4-26、图4-27)

标准春季型的代表类型为净春型,非标准春季型为浅春型、柔春型。

模特A——皮肤白皙细腻,肤色中明度;脸颊有杏粉色的红晕;眼睛轻盈,瞳孔色为浅棕色,眼白呈湖蓝色;头发柔软,发质较细,发色棕黑色,有光泽;唇色自然粉嫩。

整体印象是:毛发色与肤色之间有对比感,给人年轻、生动、活泼感。

适合的色彩为:浅淡、鲜明、活泼、俏丽的暖基调色彩群。

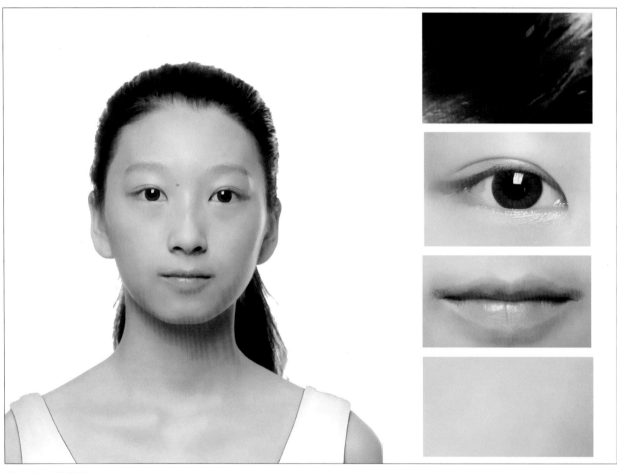

图4-26　春季型

图 4-27　春季型适合色彩案例

例二：夏季型（图4-28、图4-29）

标准夏季型人为浅夏型,非标准夏季型为柔夏型、冷夏型。

模特B——皮肤中偏低明度,肤质轻薄,肤色为健康小麦色;脸颊易出现水粉色的红晕;眼睛明亮,眼珠为深棕色,眼白呈柔白色;头发为灰黑色;浅玫粉唇色。

整体印象是:给人温柔、亲切的感觉。

适合色彩为:清新、恬静、安静的冷基调色彩群。

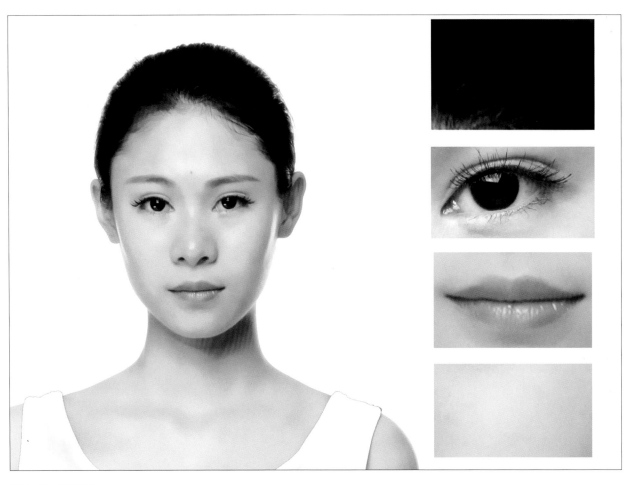

图4-28　夏季型

图 4-29　夏季型适合色彩案例

例三：秋季型（图 4-30、图 4-31）

标准的秋季型人为深秋型，非标准秋季型为暖秋型。

模特 C——肤色为中等明度的象牙色，肤质厚重；脸颊不易出现红晕；眼神沉稳、深沉，眼珠为焦茶色，眼白呈湖蓝色；头发是深棕色。

整体印象是：成熟、高贵、稳重的感觉。

适合的色彩为：浓郁、厚重的暖基调色彩群。

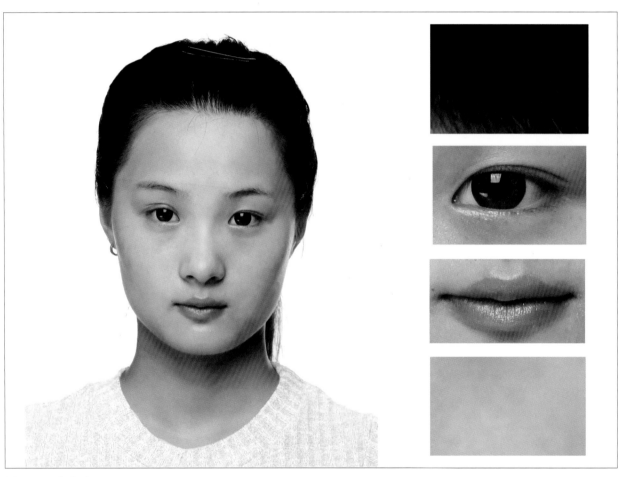

图 4-30　秋季型

图 4-31 秋季型适合色彩案例

例四：冬季型（图 4-32、图 4-33）

标准的冬季型人为深冬型，非标准冬季型为净冬型。

模特 D——个性分明，肤色高明度，肤质均匀青白；脸颊不易出现红晕；眼神犀利，对比强烈，穿透力很强，眼珠呈深棕色或黑色，眼白为冷白色；头发为黑色。

整体印象是：个性分明，与众不同。

适合的色彩为：强烈、纯正、大胆、饱和的冷基调和无彩色群。

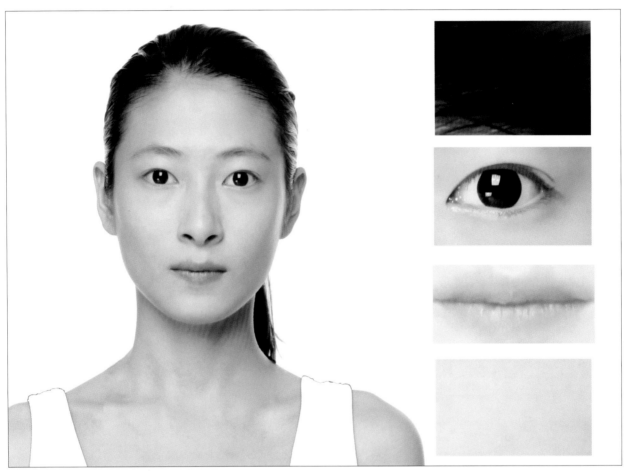

图 4-32　冬季型

图 4-33　冬季型适合色彩案例

思考与练习

1. 鉴定自己的专属色彩类型。

2. 根据四季色彩理论知识，以图文形式分析不同影视明星人物，进行四季色彩诊断分析。

3. 结合本章第五节内容，对照色彩十二季型主要内容，为每一种季型配上相应的 20 种颜色，组建十二类型的色彩群。

4. 为身边的亲戚朋友做色彩诊断，注重诊断过程的阐释，并为其推荐专属色彩群。

高等院校服装专业教程

服饰形象设计

第五章 人与风格

教学目标及要点

课题时间：8 学时

教学目的：通过讲授身体线条与风格的关系，使学生掌握风格诊断的要领；了解服装廓形、细节、面料、印花等要素共同构成服装风格的规律；理解并运用服饰搭配中大配大小配小、曲配曲直配直、柔配柔刚配刚的原则。

教学要求：通过对不同类型的人物的个性特点、面部线条、身体线条以及各类服装廓形的解析、服装风格案例分析，使学习者掌握并能结合流行趋势，灵活运用并进行服装搭配的练习。

课前准备：收集各类时尚杂志或时尚秀场服装款式、搭配方案以及流行的服装单品。

流行，是服装设计师带给大家的礼物；风格，却是一个人可以给自己的礼物。正如法国香奈儿（CHANEL）创办人加布里埃·香奈儿（Gabrielle Bonheur Chanel）所言："流行终会退烧，而风格永远不死。"也如奥黛丽·赫本认为的一样，每个女人都应该找到一种最适合自己的着装风格，在这个基础上，再根据流行时尚和季节变换进行装扮和修饰，不要做时尚的奴隶，一味地去模仿明星。

在生活中许多人盲目追求流行，以为流行之美就是把流行服装穿上身，这种人很容易丧失个人风格，身上的穿搭可能的确有流行元素，但却只是一个大拼盘，看不出特色；另一种人是真的对流行时尚很有研究，紧盯着国外时尚秀、媒体报道等信息，但不见得会买来穿搭，也许对于流行很有想法，但穿着却没有太大突破。从服装的穿着最能简单且快速地看出个人特质与风格。

流行之美的基础在于在最新的流行元素中，找到适合自己的款式、布料、色彩、配件、发型、彩妆等来呼应自己的美，这才是流行和个人之间的关系。所以，找出自己的风格是"流行之美"的第一步。

换句话来讲，人的风格也就是讲"这是什么型的人"。怎样判断人的服饰形象类型呢？主要是线条感，即人脸型的廓形、五官的类型、身体的线条感以及身体量感的大小等因素来决定的。

一　面部轮廓解析

面部是人体的一部分，面部的廓形包括脸的廓形和五官的特征。脸型的方圆、五官的形状及大小均是构成面部线条感的成因。一般面部线条可划分为直线型、曲线型、中间型。通过对照面部的观察，做好相关选项，可具体而形象地诠释人的面部线条感。

人的面部线条感或轮廓的形状往往决定给别人的第一印象。"直线型"的脸部线条是有棱有角的，细长的鼻子、高颧骨、高颊骨、方或尖的下巴以及菱形或长方形的脸型，整体看来属于直线的线条；"曲线型"脸部线条是柔和平滑的，圆圆的颊骨、丰满的双唇以及圆形的杏仁形状的眼睛和椭圆、圆形、心形或梨形的脸型，整个看起来属于曲线的线条；另外，介于直线型和曲线型之间的属于混合型。

通过以下 10 个测试题的选项结果，我们可以观察得出每个人的脸型线条感和五官的特征。

脸型大且五官大者：搭配对比艳色、图饰大、剪裁大的服饰；

脸型小且五官小者：搭配渐变浅色、图饰小、剪裁小的服饰；

脸型大且五官小者：搭配剪裁大、渐变浅色、图饰浅大或精细的服饰；

脸型小且五官大者：搭配剪裁小、对比艳色、图饰奇异或夸张的服饰。

1. 脸部轮廓:建议对着镜子或由旁人观察你的颧骨、腮骨

骨感   圆润   普通

骨感:颧骨、腮骨突出,有立体感

普通:介于骨感和圆滑之间

圆润:颧骨、腮骨不明显,几乎看不出来

2. 颧骨:建议对着镜子或由旁人从侧面观察你的颧骨

突出   不突出   一般

突出:骨感,轮廓立体

一般:介于突出与不突出之间

不突出:几乎看不出来,显圆润

3. 下颌骨:建议对着镜子或由旁人观察你的颌骨

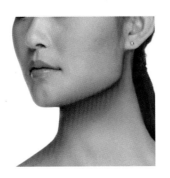

突出

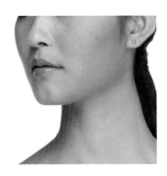

几乎看不出来

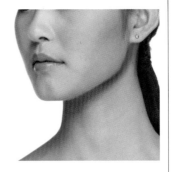

一般

突出:近于90度,下颌骨明显

一般:介于突出与几乎看不出来之间

几乎看不出来:脸部圆润,下颌骨不明显

4. 下巴:建议对着镜子或旁人正面仔细观察你的下巴

棱角分明意定感

瘦、尖

圆润

棱角分明意定感:方形下巴,下巴两侧有棱角

圆润:椭圆形下巴,下巴两侧没有棱角,圆润过度

瘦、尖:尖下巴,下巴两侧连成都成一个点

5. 面庞：建议对着镜子或由旁人观察你的面部与整体比例

大　　　　　　　　小　　　　　　　　中

大：面庞、五官略大，给人的感觉脸部大
中：介于大脸与小脸之间
小：面庞、五官比较小，感觉只是巴掌大

6. 眼神：建议由不太熟悉的人来观察你的眼神

平直亲切　　　　　　　　柔和妩媚　　　　　　　　目光锐利

平直亲切：看上去比较亲切，让人容易接触
柔和妩媚：妩媚的眼神，比较吸引人
目光锐利：比较有距离感，让人感觉不容易亲近

7. 五官：建议对着镜子或由旁人正面观察你的颧骨、颌骨、腮骨、鼻子和嘴巴

夸张立体　　　　　　　　精致小巧　　　　　　　　一般

夸张立体：脸部轮廓有骨感，颧骨、颌骨和腮骨很明显，眼睛、嘴巴偏大
一般：介于夸张立体和精致小巧之间
精致小巧：给人感觉长得很精致

8. 嘴唇：建议对着镜子或由旁人观察你的嘴唇

大、厚　　　　　　　　　一般　　　　　　　　　小、圆

大、厚：嘴巴比较大，嘴唇比较厚，在整个脸部中占比例大
一般：介于大、厚和小、圆之间
小、圆：嘴巴小而圆，所占比例小

9. 眼睛:建议对着镜子或由旁人观察你的眼睛

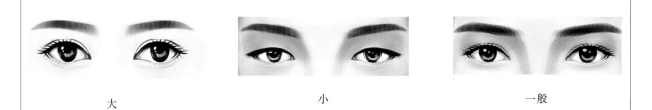

大 小 一般

大:眼睛比较大而明亮
一般:介于眼睛大和小之间
小:眼睛比较小而精致

10. 鼻子:建议对着镜子或由旁人从侧面观察你的鼻子

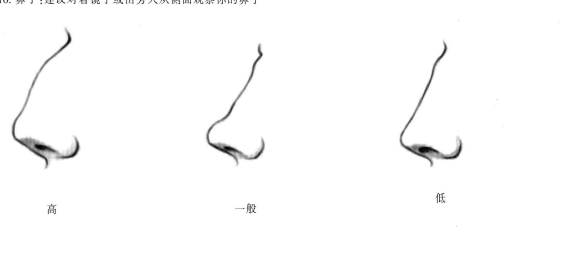

高 一般 低

高:从眉毛鼻根处一直到鼻背、鼻尖都很高
一般:介于高与低之间
低:整个鼻子都很小,鼻根、鼻背都很小

鉴于对人的五官与脸部特征的解析,在服饰搭配时可以遵循下列规律。

二 身体线条解析

线条是构成人特定身体外形特征的主要元素,人的外形特征是显而易见的,容易辨识。例如,人们常用高、矮、胖、瘦、扁、圆、曲线或笔直等和体型有关的字眼来形容自己的身体,这些都是在表述某种形态的线条感。

身体的轮廓可以通过人的影子来观察。

方法一:穿紧身衣裤,背对着光线,站在一面平整的墙壁前,约几尺远的地方,就会在墙上清楚地看到自己的影子。

方法二:站在一面全身镜子前,往后站,观察自己体型的主要线条,不要让某一点特质,如丰满的胸部、浑圆的臀部或粗壮的大腿,误导了判断,应该把重点放在脸型和身体轮廓线条的整体印象上。

(一)身体线条的类型

1.直线型身体线条

直线型身体线条几乎没有什么腰身,在人体侧缝线处肋骨和臀线几乎呈一条直线,腹部上方的肋骨前有一点点轮廓或凹陷。臀部通常扁平窄小,也有可能只是扁平,但比肋骨处宽。这类型中大部分人的肩膀又直又方,宽肩,胸部中等或偏小,身体为长方形,如图5-1所示。

(1)棱角直线型

观察脸型为菱形脸,身体线条呈直线条,扁平、宽肩、窄臀。

(2)直线型

观察脸型为长方形或方形,身体线条呈直线,扁平、肩部平,肋骨与臀线在一条直线上。

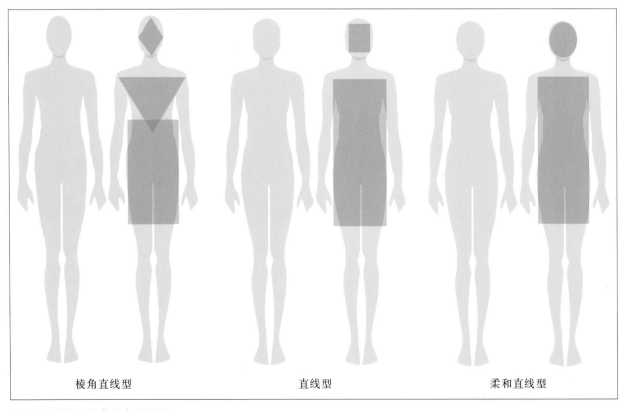

| 棱角直线型 | 直线型 | 柔和直线型 |

图5-1 直线型身体线条分析图

2. 曲线型身体线条

身体线条富于曲线感的人,身体的轮廓常常是柔和平滑的曲线或明显的曲线。圆臀、有腰身、胸部丰满,且身体的形状成圆形、椭圆形、心形、梨形,如图5-2。

(1)柔和曲线型

观察脸型是椭圆形,肩部正常弧度,有明显腰身,身体线条呈椭圆弧线。

(2)曲线型

观察脸型是圆形脸,骨架略宽,胸部丰满、圆臀、有腰身,身体线条呈曲线感,曲线弯曲程度为圆形。

3. 混合型身体线条

如果身体的线条没有明确的"直线"或"曲线"时,那么极有可能属于直线和曲线的混合型,或者脸型和身体轮廓线条形成对比的人。例如,脸型是曲线感,身体线条是笔直的属于柔和直线型;而身体有一点弯曲的线条,脸部线条却是直线感的人,属于直线柔和型,如图5-1和图5-2中柔和直线型和直线柔和型。

(1)柔和直线型

观察脸型是曲线感的椭圆形、圆形、心形等,身体线条笔直。

(2)直线柔和型

观察脸型是长方形、方形,身体线条有曲线感,呈椭圆形或圆形的类型。

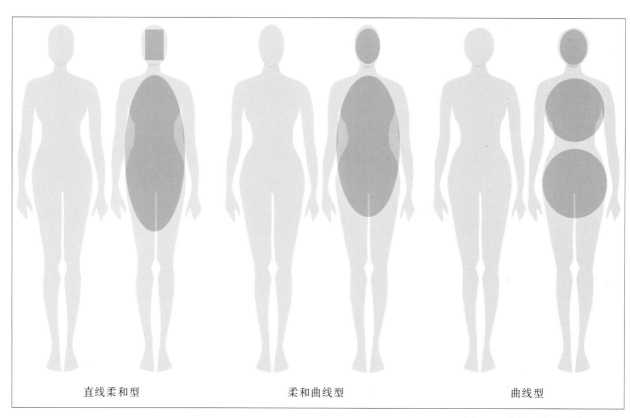

直线柔和型　　　　　　　　　柔和曲线型　　　　　　　　　曲线型

图5-2　曲线型身体线条分析图

(二)线条感的归类分析

在表5-1中,将人的脸型、身体以及整体的线条感加以总结归纳。

表5-1 线条感的归类分析

	棱角直线型	直线型	柔和直线型	直线柔和型	柔和曲线型	曲线型
脸型	菱形 方形 三角形	方形 长方形 椭圆形(方下巴)	椭圆形	方形 柔和角度的方形或三角形	椭圆形 圆形	圆形 椭圆形
体型	倒三角形 长方形或部分为三角形	方形 长方形	长方形,有一点曲线感	椭圆形	椭圆形	椭圆形或圆形
整体	三角形(宽肩) 有棱有角的脸型,笔直的身体线条	长方形	椭圆形,有一点曲线感	椭圆形,有一点点的圆滑曲线	椭圆形和线条有明显的曲线	圆形,非常富于曲线感的丰满身体

(三)身体线条的代表人物

通过以上脸型和身体廓形的分类知识,首先要找出构成人的外形特征第一眼印象的主要线条。作为个体,每个人都具有自身独特的身体线条,根据表现出的主要线条特征,都可以从棱角直线、直线、柔和直线、直线柔和、柔和曲线、曲线中找到某一个位置。

下面将以大家所熟知的公众人物为代表,进一步举例分析,便于加深理解,见表5-2。

表5-2 身体线条的代表人物

身体线条	代表人物
棱角直线型	章子怡、孙燕姿
直线型	萧亚轩、王菲
柔和直线型	陈慧琳、李冰冰
直线柔和型	陈莎莉
柔和曲线型	萧蔷、范冰冰
曲线型	陈好、徐若瑄、林依晨

随着年龄的增长,人们通常无法保持年轻时的体态,体重的增加往往会使身体和脸部的线条产生变化。或许你是棱角直线变成直线、从柔和曲线变成曲线、从柔和直线变成柔和曲线,但是永远不可能从非常直线变成曲线,也不可能逆向操作从曲线变成直线,因为,人与生俱来的骨架和形体轮廓是不可能改变的。因此,找准自己的轮廓特征和身体线条,以此为基础构建个人风格。

(四)体型量感解析

什么是体型量感?体型量感就是身体的量感,常是指身架的大小。体型量感也是构成人的风格的主要参考要素之一。

1.体型量感大小

身体的量感是指身架的大小,与一个人的胖瘦没有太大的关系,因此,身架大的人不一定高而胖,身架小的人也不一定矮而瘦。

对于脸部与身材准确的判定方式,除了轮廓和量感,还有"比例"。

2.量感和比例

依据人物外形大小量感和比例关系,可判断人物的外形量感是大身架型、小身架型还是中间型,以及比例是均衡的还是失衡的。

(1)脸型量感大小是指五官脸型呈现的形态

脸庞呈骨感、五官夸张而立体的人往往量感大;脸庞较小,五官紧凑而小巧的人往往量感较小;脸型量感大小介于两者之间是中间型。

(2)身体量感是指人体骨架的大小

建议对着镜子或由旁人观察自己的身形,骨架大的女子身高一般在1.65米以上;骨架小的女子身高一般在1.58米以下;一般骨架身形的女子身高介于1.58~1.65米之间,如图5-3所示。

3.体型量感与风格

结合体型量感、面部五官线条感和身体线条类型,可共同构成人物的风格类型。一般在个人形象风格诊断中,人的风格主要有八大类型:

(1)夸张戏剧(大量感+直线型):夸张、骨感、成熟、大气、醒目、时髦、个性;

(2)性感浪漫(大量感+曲线型):成熟、华丽、曲线、性感、高贵、妩媚、夸张;

(3)正统古典(中量感+直线型):端庄、成熟、高贵、正统、精致、知性、保守;

(4)潇洒自然(中量感+中间型):随意、潇洒、亲切、自然、大方、淳朴、直线;

(5)温婉优雅(中量感+曲线型):温柔、雅致、女人味;

(6)英俊少年(小量感+直线型):中性、直线、帅气、干练、好动、锋利、简约;

(7)个性前卫(小量感+中间型):个性、时尚、标新立异、古灵精怪、叛逆、革新;

(8)可爱少女(小量感+曲线型):可爱、圆润、天真、活泼、甜美、稚气、清纯。

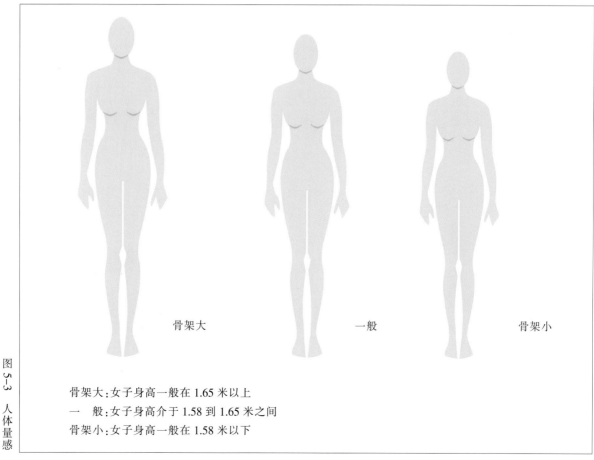

骨架大　　　　　　　一般　　　　　　骨架小

图5-3 人体量感

骨架大:女子身高一般在1.65米以上

一　般:女子身高介于1.58到1.65米之间

骨架小:女子身高一般在1.58米以下

(五)风格诊断专业工具

人的风格诊断也有一套专业的工具,包括:专业款式风格诊断色布、直曲领型诊断专业工具、款式领型诊断专业工具,如图5-4所示。

1.专业款式风格诊断色布

专业款式风格诊断色布是个人款式风格诊断工具之一,总共10块,囊括了八大款式,是针对中国大众而研发的最典型的款式风格图案,保证了款式风格诊断的精确性。

2.直曲领型诊断专业工具

直曲领型诊断专业工具也是个人款式风格诊断工具之一,总共4块。色彩顾问在款式风格的诊断过程中,用于确定具体人物直曲特征,保证款型测试的精准性。

3.款式领型诊断专业工具

款式领型诊断专业工具亦是个人款式风格诊断工具之一,总共16块,囊括了女士的8大风格款式领型各两个(八大风格包括少女、少年、优雅、浪漫、前卫、自然、古典、戏剧),能够准确地找出最佳的领型,保证诊断的结果。另外,男士也有6大款式的最具特征的领型,便于色彩顾问更快捷、精准地诊断出结果。

(六)女性款式风格诊断流程

第一步:填写诊断报告资料;

第二步:目测轮廓分析、量感分析、形容词解读及分析,从而得出款式风格规律的倾向;

第三步:款式布诊断分析;

第四步:直曲领型诊断分析;

第五步:款式领型诊断分析、款式领型诊断验证分析;

第六步:得出初步诊断结果,并根据顾客综合因素进行综合分析;

第七步:得出最终诊断结果,给顾客讲解服饰风格搭配规律,并提供参考方案。

依照表5-3所示,亲自实践女性款式风格诊断全过程。

专业款式风格诊断色布

直曲领型诊断专业工具　　　　　款式领型诊断专业工具

图5-4　风格诊断专业工具

表 5-3　女性款式风格诊断流程表

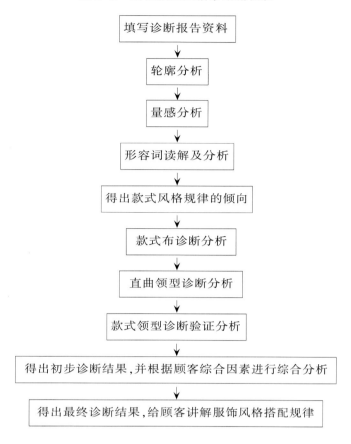

填写诊断报告资料
↓
轮廓分析
↓
量感分析
↓
形容词读解及分析
↓
得出款式风格规律的倾向
↓
款式布诊断分析
↓
直曲领型诊断分析
↓
款式领型诊断验证分析
↓
得出初步诊断结果,并根据顾客综合因素进行综合分析
↓
得出最终诊断结果,给顾客讲解服饰风格搭配规律

三　服装的线条

(一)服装线条的决定因素

服装的线条感主要由四个要素决定,分别是服装的长度、服装面料的重量、服装的厚度、印花图案。

1. 服装的长度

(1)服装的外轮廓线条

服装的外轮廓线条,也就是衣服剪裁的外部线条。服装跟身体一样,也是有线条感的。同样,也分为 6 种线条,分别是棱角直线型、直线型、柔和直线型、直线柔和型、柔和曲线型、曲线型,如图 5-5 所示。同时,服装的外

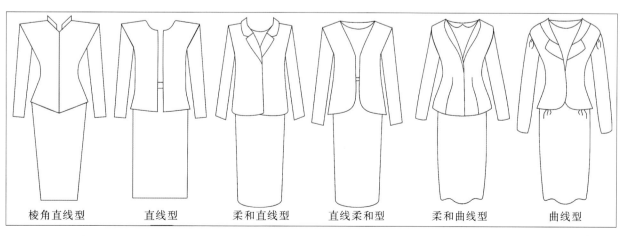

| 棱角直线型 | 直线型 | 柔和直线型 | 直线柔和型 | 柔和曲线型 | 曲线型 |

图 5-5　服装外轮廓线条

轮廓线条应与相对应的人体线条相互映衬,如图5-6所示。当然,还需协调搭配。

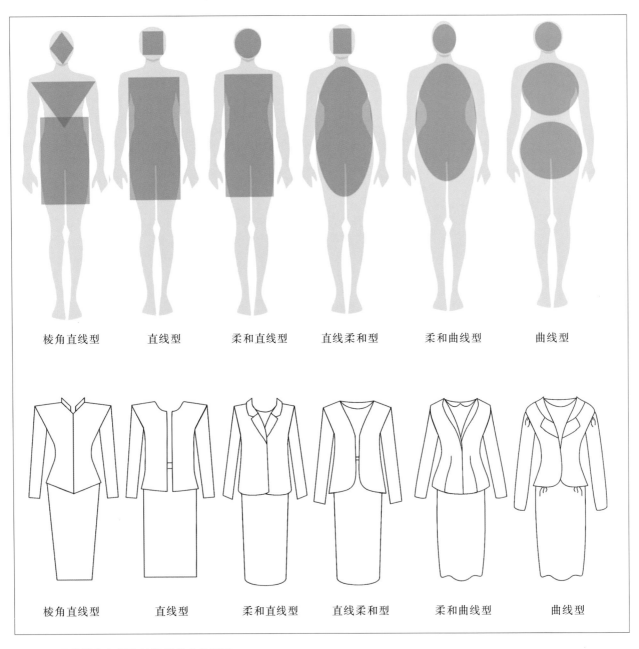

棱角直线型　　直线型　　柔和直线型　　直线柔和型　　柔和曲线型　　曲线型

棱角直线型　　直线型　　柔和直线型　　直线柔和型　　柔和曲线型　　曲线型

图5-6　人体线条与服装外轮廓线条的搭配

(2)服装细节的线条

　　细节线条是强化或平衡一件衣服整体外观的重要元素之一。运用抽褶,能将服装的外形由直线变为柔和曲线,甚至变成弯曲的曲线条;运用服装内部的分割线与育克线,或服装边缘的修饰、装饰物的点缀、省道的结构变化,都可以改变原本的服装外貌。如表5-4所示,可以将服装细节大致归类,以便参考学习。

表 5-4　服装细节线条归类

直线型	省　道：长而直、造型尖锐，或没有省道 线　迹：线迹明线、面缝明线，有对比明线的镶边，有穗带或滚边 打褶裥：烫平、缝合、不对称 袖　子：装袖肩线部位有直线褶裥、方形垫肩、锥形袖或利落的蓬袖 衣　领：尖领、平驳领、加内衬的直角边缘、方形领、立领、枪驳领、镶边领 口　袋：边缘明显、方形、滚边袋、插袋 外　套：对襟开合、方形下摆、合身或宽松、不对称的止口、对比的纽扣和边缘修饰 领　口：方形、船形、对比的边缘修饰、V 领、旗袍领、高领
柔和直线型	上半身用适合曲线的细部线条，胸线以下用适合直线的细部线条，腰部不做任何强调、直线条细节，单用柔软面料
直线柔和型	上半身用适合直线的细部线条，胸线以下适合曲线的细部线条
曲线型	省　道：柔软地聚集在一起的抽褶、柔软的褶皱、松松的省道 缝合线：细针迹、弯曲的缝合线、没有明线或精细的明线、松松的缝合线 打褶裥：柔软的、没有烫平的、抽在一起的、松松的 袖　子：抽褶袖、落肩袖、柔和的、有流动感的、圆垫肩 翻驳领：圆形、弯曲形、青果领、斜裁 衣　领：圆的、翻卷的、有圆形边缘的西服领 领　口：圆形、勺形、垂坠的、有花边的、有荷叶边的 口　袋：盖挖袋、圆形 外　套：稍微贴身的、明显强调的腰线、圆形下摆、弯曲的止口线

2. 服装的宽度

面料的重量、图案设计和表面肌理效果都会影响服装的宽度。

一件衣服看起来比较轻盈细致，而另一件看起来比较厚重，到底怎样来做选择呢？关键取决于穿着者的骨架大小和脸部线条。有的人脸部线条精致细巧，骨架纤细，必然选择轻盈细致的面料，如细华达呢、细斜纹布、丝绸、雪纺、泡泡纱、细麻布等。而有的人骨架较大、脸部线条也较粗，手腕、脚踝、腿等部位也较粗壮，那么，可以选用中等或厚的华达呢、厚斜纹布、麻布、生丝、缎、针织等类型的面料，也可用较大的纽扣、饰品配件来装饰。只有选择与个人相适应的面料才能平衡服装和身体的协调关系。

3. 服装的厚度

服装面料的厚薄、肌理效果亦是服装线条的一个显著特征。有肌理效果的面料是指表面有凹凸纹理、粗糙多节或织物结构松散的面料。一件有肌理效果的或者织物结构松散的面料会显得线条比较柔软，所有边缘和衣角都被软化，显得比较圆；一件织物结构紧密的面料会创造出比较笔挺的线条，衣角、边缘和细部线条都会显得干净利落。

在服饰搭配时，有肌理效果的面料并不适合所有曲线感的人，特别是不适合有许多弯曲线条的曲线体型。因为，肌理效果会使曲线体型看起来臃肿、笨重，不利落，好似一只泰迪熊。曲线型的人需要表面平滑、质地柔软，有垂坠感、有波浪感的面料。正因如此，肌理效果的面料适合需要塑造柔和直线类型的人。

4. 印花图案

印花图案和肌理效果一样，也必须搭配服装的线条。服装的印花图案数不尽数，变化无穷。每年两季的国际流行趋势都会发布各种主题的印花图案，经常会看到在线条笔直的服装上出现夸张狂野的大红玫瑰花或夏威夷风情的印花图案,往往在一阵销售热潮过后,就会消失。相反,那些经典的服装却将服装的线条和印花图案协调地结合起来,实现了经典服装的永久流传。

身体的线条越有棱角、越笔直,就越应该选择用几何图案或直线条的印花图案;在柔和曲线的服装款式上,最好选用柔和的印花图案或水彩图案;而柔和直线型身体的线条,应该选择一定程度的、有流动感的图案,过于笔直或弯曲的图案都不太合适,其上半身可以用比较柔和的图案,下半身则用比较直线条的图案;直线柔和型则相反。举例归纳印花图案与身体线条的选择,如表5-5所示。

表5-5 印花图案与身体线条

直线型	几何图案、格子、条纹、千鸟格、抽象图案、摩登图案
柔和直线型	斡旋花纹、写实图案、条纹、丛林图案、方格、棋盘格、动物图案、粗花呢
曲线型	花朵、涡旋图案、水彩图案、旋动图案、写实图案、云纹、圆形图案

(二)服装线条比较分析

通过对某种常见服装单品大衣、外套、T恤、毛衫,以及半身裙、裤子等款式的比较分析,更形象地加深对服装线条感的理解。

1. 半身裙(图5-7)
2. 毛衫(图5-8)
3. 裤子(图5-9)
4. T恤(图5-10)
5. 大衣外套(图5-11)

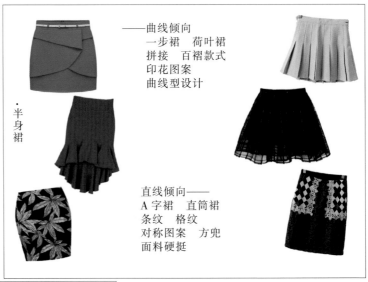

图5-7 半身裙

图5-8 毛衫

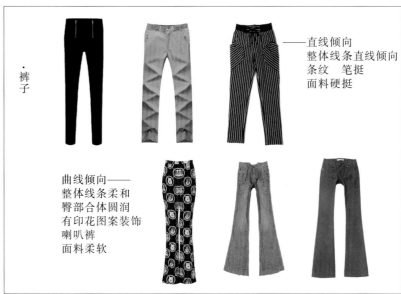

·裤子

直线倾向
整体线条直线倾向
条纹　笔挺
面料硬挺

曲线倾向——
整体线条柔和
臀部合体圆润
有印花图案装饰
喇叭裤
面料柔软

图 5-9　裤子

·T恤

——曲线倾向
荷叶边底
蝴蝶领　圆领
印花图案
蕾丝拼接
面料轻柔

直线倾向——
直条纹　格纹
对称拼接
廓形呈直筒型

图 5-10　T恤

·大衣外套

直线　量感小	直线　量感大	曲线　量感小	曲线　量感大
整体轮廓直线倾向	整体轮廓直线倾向	整体轮廓曲线倾向	整体轮廓曲线倾向
立领	立领　直门襟	圆角领　有裙摆	大翻领　有裙摆
方形口袋	披风款式	蝴蝶结腰带	宽腰带
面料硬挺	面料厚实	面料轻柔	面料轻柔　厚实

图 5-11　大衣外套

四 服饰风格解析

现代人的着装风格各异,服饰的式样形式多变,总体上可归纳为八大风格:夸张戏剧型、正统古典型、潇洒自然型、个性前卫型、英俊少年型、可爱少女型、性感浪漫型、温婉优雅型。

(一)八大类型服饰风格特征

1.夸张戏剧型服饰 (图5-12)

(1)款式特征:大垫肩、大开领、斜裁、喇叭袖、多层花边、男性化西装、紧身深开叉长裙、披肩风衣、大脚裤、裙裤、扇袖、宽腰带、流苏。

(2)面料特征:坠感强的金银丝织物,皮草、皮毛混合面料,质感强的面料。

(3)图案特点:夸张华丽的图案、色彩反差大的图案、几何图案、建筑图案、大朵花卉团图案。

2.正统古典型服饰 (图5-13)

(1)款式特征:剪裁合体的套装、丝绸衬衫、一步裙、职业装、连身裙、旗袍、大衣、风衣、直板裤、方领、标准V领、一字领、小衬衣领。

(2)面料特征:开司米、绉绸、羊绒、精纺织物、亚光面料、纯天然面料、精致毛料,如精织棉、棉、麻、绸、毛料等。

(3)图案特点:以素色为主、中小型图案、排列整齐,如花、点、格、条纹等。

图5-12 夸张戏剧型服饰

图5-13 正统古典型服饰

3. 潇洒自然型服饰(图 5-14)

(1)款式特征:宽松的直筒裤、运动服、民族服饰、A 字裙、直筒裙、牛仔裤、T 恤衫、开衫、针织衫、运动装;V 领、无袖、半袖、明兜明线等。

(2)面料特征:亚光面料、粗纺、毛织及天然织物,如:牛仔布、帆布、棉麻、手工编织面料等。

(3)图案特点:边缘粗糙的几何类型的图案、自然的花草、异域的图案、古朴的文字等。

4. 个性前卫型服饰(图 5-15)

(1)款式特征:牛仔衣裤、超短上衣、超短裙、皮衣、靴裤、立领、单肩袖、斜裁、混搭、多拉链、多口袋、紧身、露背、露脐、铆钉、不对称设计。

(2)面料特征:高科技、闪光的面料、涂层面料、鳄鱼皮面料、亮片面料、化纤面料。

(3)图案特点:几何图案、不规则的字母、文字排列、动物纹、人纹、不对称图案或环境图案。

图 5-14 潇洒自然型服饰

图 5-15 个性前卫型服饰

5. 英俊少年型服饰(图 5-16)

(1)款式特征:卫衣、马甲、分裤、热裤、T 恤衫、直板裤、靴裤、背带裤、短外套、夹克、背心、双排扣、牛仔立领、小西服领、鸭舌帽、肩章、贴袋等。

(2)面料特征:硬挺、光泽度高的面料,如化纤、涂层、皮革等;或纯天然的织物,如棉、麻、牛仔布等。

(3)图案特点:条状、小格纹、字母、建筑、有角几何图形或素色。

6. 可爱少女型服饰(图 5-17)

(1)款式特征:公主裙、蛋糕裙、背带裙、百褶裙、小披肩、贝壳衫、七分裤、小开衫、连衣裙;灯笼袖、荷叶边、花瓣袖、泡泡袖、圆领、青果领、蕾丝、蝴蝶结等。

(2)面料特征:亚光的纯天然的面料,如棉、麻、细灯芯绒、平绒、柔软的羊毛、兔毛、柔软的针织毛织物等。

(3)图案特点:单瓣的花朵、小动物、小圆点、心形图案、蝴蝶结、卡通图案等。

图 5-16 英俊少年型服饰

图 5-17 可爱少女型服饰

7. 性感浪漫型服饰（图 5-18）

（1）款式特征：大摆裙、花苞裙、吊带衫、阔腿裤、皮草、华丽夸张的晚礼服、多层次的上衣或裙子；收腰的、花瓣状的、飘带、花边、碎褶等。

（2）面料特征：光泽感强、细腻精致、镂空面料，如丝绒、缎类、皮革、金银丝织物、蕾丝、刺绣、真丝等。

（3）图案特点：写实的花朵、晕染类型、大气梦幻的花朵，如云朵。总之，图案要繁杂，不能太简单。

8. 温婉优雅型服饰
（图 5-19）

（1）款式特征：针织衫、连衣裙、毛衫、碎花衬衣、一步裙、荷叶边、蕾丝、飘带、灯笼袖等。

（2）面料特征：轻薄的织物、天然织物、亚光柔软的织物，拒绝粗糙硬挺的面料。

（3）图案特点：碎花、点状、水滴形、晕染的色彩、小而纤细的图案等。

图 5-18　性感浪漫型服饰

图 5-19　温婉优雅型服饰

(二)人物风格类型及特征

1. 夸张戏剧型:骨感、成熟、大气、醒目、时尚,呈戏剧感;

2. 个性前卫型:个性、时尚、标新立异、古灵精怪;

3. 性感浪漫型:华丽、曲线、性感、高贵、妩媚;

4. 正统古典型:成熟、正统、知性、典雅;

5. 潇洒自然型:随意、潇洒、亲切、自然、大方、纯朴;

6. 温婉优雅型:温柔、雅致、女人味、精致、曲线、温婉;

7. 英俊少年型:中性、直线、帅气、好动、简约;

8. 可爱少女型:可爱、圆润、天真、活泼、甜美、稚气、清纯。

当然,现在人的生活状态要求人们必须依照场合来着装,偶尔也会受到追求时尚的心理或变化的心情来着装,因而不同的着装需求演绎出多种风格。如果一个人在25岁以前能够驾驭多种不同风格类型的服装,就不必一定把自己的风格固定于一种模式,或者说在年轻时可以根据不同的需求,穿插变化自己的着装风格,在30岁以后相对固定着装风格的选择范围即可。

(三)服饰风格类型及代表人物(见表5-6)

表5-6　服饰风格类型及代表人物

服饰风格类型	代表人物
夸张戏剧型	张咪、齐豫、杨二车娜姆、三毛
正统古典型	李瑞英、吴仪
潇洒自然型	刘若英、徐静蕾、那英、田震
个性前卫型	王菲、莫文蔚、萧亚轩、吕燕、吴莫愁
英俊少年型	李宇春、周笔畅、潘美辰、刘力扬
可爱少女型	张娜拉、杨钰莹、周迅
性感浪漫型	温碧霞、李玟、陈好、钟丽缇
温婉优雅型	杨澜、赵雅芝、刘嘉玲、蒋雯丽

夸张戏剧型人的特征:脸部轮廓分明,身材高大,性格外向,坦率自然。适合选择一些夸张、个性的服饰。在色彩方面,适合选择自己色系里彩度偏高的、有视觉冲击力的颜色。对比鲜明的色彩加上个性化的服饰,会更好地突出戏剧型人的特点。戏剧型人重点是要突出个性。

个性前卫型人的特征:五官立体,身材较小、苗条,性格外向,观念超前。在服饰搭配方面,比较适合短小精悍的服装,款式突出新颖、别致,裁剪方式应该是直线的、不对称的、不规则的,突出超前的个性。色彩方面,适合不调和的、出人意料的、无人尝试的颜色。如红、橙、黄绿灯,突出标新立异的个性。

性感浪漫型人的特征:面部柔和,眼睛迷人,身材丰满圆润。在服饰搭配方面,适合曲线剪裁、奢华高贵的服饰,突出曲线美。在色彩方面,适合艳丽的红色、橙色、多情的粉色、高贵的紫色、华丽的金色。

正统古典型人的特征:面部线条与身材都比较平直,性格严谨、传统,与人较有距离感。在服饰搭配方面,适合穿做工精良、裁剪合体的套装。在色彩方面,适合自己色系中的中性色,如蓝色、绿色、棕色、灰色等,也适合一些淡色调的服装。

潇洒自然型人的特征:面部轮廓呈直线感,身材呈直线型,神态轻松、随意、不造作,具有亲和力。在服饰搭配方面,适合穿那种宽松的衣服及裤子,也可以穿得有型、时尚,粗针毛衣配长裤另有一种洒脱随意,平和的条纹、佩兹利螺旋纹图案、手工编织图案等也是上选,简约连衣裙,自然的叶纹,极其吻合健康而潇洒的身材,重点突出随意和洒脱的气质。在色彩方面,选择自己色系中柔和自然、不刺激的颜色。

温婉优雅型人的特征:面部柔和,身材圆润,性格温柔文静。服饰搭配方面,适合穿着曲线裁剪、品质高贵、婉约脱俗的服饰。在色彩方面,宜用柔和的、浅淡的颜色展现女性魅力,如象牙白、暖灰色、淡蓝色、驼色等。如果要把时尚的元素加进去,也可选择较深的橄榄绿、褐色、酒红色,把那些中性色与补色相融合,就能搭配出展现典雅、高贵风采的服饰效果。

英俊少年型人的特征:面部线条较为分明,身材适中,呈直线型。在服饰搭配方面,适合直线裁剪的、并能体现活泼好动个性的服饰。在色彩方面,适合自己色系里明快鲜艳的颜色,如绿色、蓝色、黄色等,中明度偏高明度的色彩才能突出其开朗乐观与朝气的个性。

可爱少女型人的特征:面部线条柔和,身材适中,性格开朗、活泼。在服饰搭配方面,适合穿着曲线剪裁、轻盈柔美的服饰。在色彩方面,适合柔和、浅淡、温馨的颜色,如粉色、乳白、浅绿、浅蓝色。

综上所述,人物风格与服装风格的映衬技巧——大配大小配小;曲配曲直配直;柔配柔刚配刚。

思考与练习

1. 寻找自己的风格类型。

2. 以图文并茂的形式为身边的 4~8 位亲戚朋友做风格诊断。

3. 根据女性服饰 8 大风格的主要内容,结合今年的服饰流行趋势,为每一种风格类型提供 4 种不同的服饰搭配方案,以 PPT 形式课堂分享。

高等院校服装专业教程
服饰形象设计

第六章 服饰搭配规律

教学目标及要点

课题时间：8 学时

教学目的：学习服装色彩、面料、风格、款式等方面的搭配规律；结合流行趋势信息，掌握对比与协调的平衡关系、统一和个性的关系以及 TPO 原则；综合运用服装搭配的要素和规律，灵活策划与搭配。

教学要求：培养学生对时尚的快速反应能力，掌握提炼时尚信息的技巧，在实践中逐渐提高服饰搭配的能力。

课前准备：收集当季流行的服装单品、服装面料、服饰风格以及饰品的图片或信息。

服装搭配没有一成不变的定式，它随着时尚流行趋势的变化而变化，一种文化理念、生活态度、情绪变化、艺术审美……对人们的服装搭配都起着催化的作用。

虽然服装搭配没有固定的模式，但却是有规律可循的。在任何情况下，服装搭配都由四大要素主宰，即色彩、风格、面料、款式；当然，服装搭配也必须因人而异，需考虑到着装的时间、目的、场合等因素，即着装"TOP"原则。

一 服饰色彩搭配

色彩靠视觉来传递信息，这一色彩信息已广泛地深入人类生活的各个领域。服装色彩是服装感观的第一印象，是服装搭配中第一要素，它具有极强的吸引力。

(一)服饰色彩与心理

英国心理学家保罗·格列高里说"色彩是视觉审美的核心，深刻地影响我们的情绪状态"。这说明色彩可以影响人的心理变化，同时心理变化也决定人的色彩选择。人们对色彩的偏好，有时并不一定是从服装美出发的。其原因在于，色彩在表现中被赋予了一定的感情，不同的色彩带给人们不同的心理感受，同时产生不同的视觉作用。每种色彩都有其特定的内涵，并且是多层面的，其蕴含的情感和性格也是既丰富又矛盾。例如，黑色可以作为礼服来表现高贵、庄重、神秘，也可以作为丧服来烘托悲痛、凝重、死亡的气息；白色是纯洁的、神圣的，也是恐怖、空虚的象征；红色能代表强烈、喜庆、革命，也可以是流血、浮躁、战争。运用服装色彩时要把握不同色彩的情感表现，创造出个性化的视觉效果，使色彩的表现更贴合人的外部形象和心理变化。

1. 红色调

红色调的服装给人一种热情洋溢、积极明快的感觉，非常吸引人注意，属于女性味较浓的色调。在日常生活中，不适合经常穿正红、鲜红色调的服装，偶尔穿着才能立即收到"人逢喜事精神爽"的色彩印象。

纯红色调：具有大胆、火热、吉祥、喜气的象征意义。在喜庆、节日、宴会时穿着，特别能显出隆重、华丽的效果，可以与金色或黑色搭配。

粉红色调：给人一种纯情、梦幻、可爱之感，较适合年轻的女性穿着，使用范围很广，配件以银色或白色最合适。

暗红色调：具有稳定与成熟的色感，颇受 30 岁以上女性喜爱，不失高贵、华美的特质，配件以黑、灰较适当。

2. 橙色调

橙色可分为黄橙色调与红橙色调，色彩感觉以膨胀为特点，与无彩色的黑、白搭配，最能表现此色调的美感，是活泼、甜美、热情的色调。在炎炎夏日中，被晒黑的褐色皮肤，穿上橙色调的服饰，最容易使人感到橙色调的热情、奔放。咖啡色属于橙色调中的暗橙色，极为典雅、庄重。黄皮肤或较黑的皮肤都适合橙色的服饰。

3. 黄色调

黄色带给人明朗、高贵、光明的感觉。黄色调的色感生气勃勃、亮丽非凡，适当以黑或白搭配，可以产生光彩耀眼的效果。浅黄色用在婴儿衣物上使人倍觉温馨可爱,而土黄色与肤色接近,较白皙的皮肤穿着较适合。

4. 绿色调

绿色是自然、青春的象征。东方女性穿着绿色服饰时,需用化妆来调整肤色,因为白皙的肤色以及口红的颜色,会使绿色更为明艳动人。而配件搭配以白色或黑色为宜,能显出特色。黄绿色除了具有绿色的性格之外,还多了几分未成熟的青春感,适合年轻男女服饰。暗绿色又称墨绿色,是高雅、朴素的色彩,适用于秋冬服饰。

5. 蓝色调

蓝色是红、黄、蓝三原色中广受男女老少喜欢的色彩,有沉稳、冷静、理智的色彩性格。此色调穿在身上与肤色极为协调,有不凸显、不刺激的特点。深蓝色调套装适合在上班、会议、洽谈时穿着,最能显出诚恳、敬业的专业形象,因为深蓝色具有沉静、理智的色感。搭配配饰则以无彩色的黑或白最相宜。

浅蓝色调,由于纯度低、明度高,能给人清爽、明朗、洁净的色感,是婴幼儿衣物常用色彩。浅蓝色调的色彩,常用于春夏服装,也是年轻人喜欢穿着的色彩,饰物的色彩以白色、银色最适合,尽量选择单纯、明朗的色调,这样才能显示出浅蓝色独特的气质。

6. 紫色调

紫色常给人高贵、神秘、优雅的色彩感觉,也是男女皆宜的色彩,因为紫色糅合了红色与蓝色的性格特质,综合了热情与沉静,所以,紫色的接受度较高。

蓝紫色服装,蓝色成分较重,较受男性喜欢。与白搭配的蓝紫色调,特别鲜明,引人入目。

红紫色的服装,由于偏红色,女性味浓,特受女性喜爱,也是中年女士经常选用的服装色彩。

浅紫色富于罗曼蒂克的梦幻感,从少女的洋装到成熟女性的套装都适合。饰物的搭配以白色、银白色为好,重点色则以蓝紫、红紫来衬托,应维持统一和谐的色调感。

暗紫色极为稳重、大方,作为礼服的色彩,显得特别高尚、时髦,配饰以金、银最能显出此色的华丽感。作为秋冬装的色彩,最适合中青年人使用,给人以稳定、优雅的色彩感觉。

7. 多色调

服装配色在三色以上至多色,多色调常伴随着花纹、图案,带给人丰富多彩、充实美满的色彩感觉。在服饰色彩中,常见的多色调有:

浅淡的多色调:给人轻快、甜美的色彩感觉,是少女装与婴幼儿服装常使用的色调。

明亮饱和的多色调:色感活泼、亮丽,作为外出服或运动服的色调,能带给人积极、明朗的感受。若作为正式礼服,则具有艳丽、华美的色彩感觉。

灰暗的色调:给人一种朴实、高雅、稳定的色感,由于不凸显明度及彩度,穿着此色调在人群中,会觉得特别自在、舒服,是被认为极高雅的色调,颇受中年人或讲究色彩品味的人喜爱。

深暗的多色调:具有写实、稳重、典雅的色彩感觉,由于明度偏低,花纹、图案不明显,反而给人一种古典、含蓄的美感,是秋冬服饰最常见的色调。

8. 无彩色色调

黑色调使人感觉严肃、冷漠、尊贵,适用于套装或正式礼服。在重要会议、正式宴会或庆祝典礼中穿着黑色调的服装,特别能表现黑色独有的贵重感。

灰色调是必备的色调之一,灰色调的服装具有沉默、朴实的色彩感觉,是男性西装的常规色彩。浅灰色较柔和,与浅色系搭配效果较好。深灰色在秋冬装出现最多,与金色、银色搭配,可以提升灰色的穿着效果。

白色调带给人洁净、纯真、圣洁的色彩感觉,新娘的婚纱礼服,就是把白色的色彩含义发挥到极致的最好代表。在一般场合,若是以一身白色妆扮出现,也会成为众人瞩目的焦点。白色是春夏装常见的色彩,运动服使用白色也十分普遍。

9. 中间色调

中间色调如大地上的泥土、干草、枯木、细砂、岩石等自然本色。

中间色的色感极为稳定、沉着、理性,格调高尚、大方,是服饰色彩中不可缺少的高雅色调,如常见的风衣色彩、皮包、皮鞋、皮带等褐色系的配件。中间色调容易与其他色相搭配，可以把有彩色衬托得更醒目。通常风衣、大衣、外套、长裤等服装使用中间色调相当多，这也是中间色调受欢迎的缘故。

不同形式的色彩组合搭配可以影响人们的不同情感感受，亦能显现出人们内心的情绪、爱好、性格、审美，同时，亦能创造出不同的艺术氛围和着装个性。无论是单一的颜色，还是多种颜色的组合，都要受色彩心理感受、情绪、喜好等方面的制约。

(二)服饰色彩搭配类型

人类肉眼能看到的颜色达 750~1000 万种。在设计师眼中，没有丑的色彩，只有难看的组合搭配。掌握色彩搭配的面积比例，灵活运用透叠或虚实等调和手法亦可以使服装色彩搭配更富变化。一般情况下，服装的色彩搭配分为四种类型：一类是对比色搭配；二类是近似色搭配；三类是中性色的搭配；四类是特别色搭配。

1. 对比色搭配

对比色的搭配有较强的视觉冲击力，具有醒目、跳跃、令人兴奋的特点。(图 6-1)

(1)强烈色搭配

强烈色搭配指在色相环上两个相隔较远的颜色相配，色相对比距离约 120 度左右，为强对比类型，如黄绿与红紫色对比等。该类型效果强烈、醒目、有力、活泼、丰富，但也不易统一，且感觉杂乱、刺激，易造成视觉疲劳。强烈色搭配一般需要采用多种调和手段来改善对比效果。(图 6-2)

(2)互补色搭配

在色相环上色相对比距离达 180 度，为极端对比类型。如红+绿、青+橙、黑+白等，互补色相配能形成鲜明的对比，有时会收到较好的效果。黑白搭配是永远的经典，效果强烈、眩目、响亮、极有力，但若处理不当，易产生幼稚、原

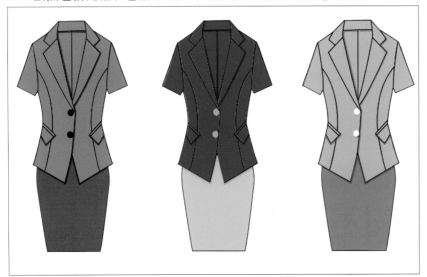

图 6-1 对比色搭配

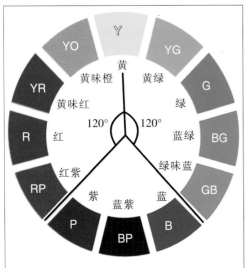

图 6-2 强烈色

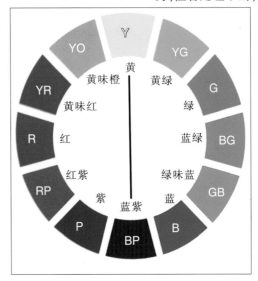

图 6-3 互补色

始、粗俗、不安定、不协调等不良感觉。（图6-3）

（3）对比色服饰搭配案例赏析（图6-4、图6-5）

图6-4　强烈色对比服饰搭配案例

图6-5　互补色对比服饰搭配案例

图6-6　近似色搭配

2. 近似色搭配

近似色搭配是指两个比较接近的颜色相配,如图 6-6 所示。近似色的搭配相对容易掌控,上下服装对比不会过于突兀。

(1)同类色搭配:同类色(图 6-7)指同一色相中不同的颜色变化。色相环上相邻的 2~3 个色的搭配,色相距离大约 30 度左右或彼此相隔 1~2 个数位的两色为同类色,如红橙与橙、黄橙色对比等,效果感觉柔和、和谐、雅致、文静,但也有单调、模糊、乏味、无力的色感。所以,必须调节明度差来加强效果,如黄色与草绿色或橙黄色相配,给人一种春天的感觉,整体非常素雅、静止,流露出淑女韵味。

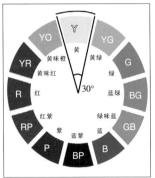

图 6-7 同类色

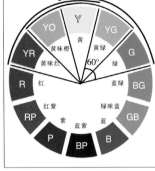

图 6-8 邻近色

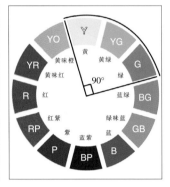

图 6-9 中差色

(2)邻近色搭配:色相环上距离约 60 度左右的色彩配色(图 6-8)。如红色与黄橙色对比搭配,效果较丰富、活泼,但又不失统一、雅致、和谐的感觉。

(3)中差色搭配:色相环上色相对比距离约 90 度左右的色彩配色(图 6-9),为中对比类型。如黄色与绿色对比搭配,效果明快、活泼、饱满,使人兴奋,对比既有力度又不失调和之美。

(4)近似色服饰搭配案例赏析(图 6-10)

图 6-10 近似色服饰搭配案例

3. 中性色搭配

黑、白、灰、大地色都属于中性色,它们之间的各种搭配,包括不同明暗、深浅、比例的搭配,都能产生不同的视觉和心理感受。总体上给人谦和、稳重、保守、经典的印象。(图 6-11)

中性色服饰搭配案例,如图 6-12 所示。

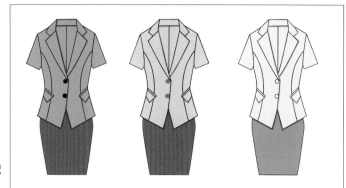

图 6-11 中性色搭配

图 6-12 中性色服饰搭配案例

4.特别色的搭配

特别色是指金色、银色和荧光色等颜色,通常具有不同的光泽效果。在实际运用过程中,特别色既可以作为点缀色,也可以大面积运用。给人高贵、华丽、奢侈、夺目、闪烁、前卫的色彩感受。(图6-13)

特别色服饰搭配案例,如图6-14所示。

(三)服饰色彩搭配规律

法国时装设计大师克里斯汀·迪奥曾说:"色彩是很绝妙、很诱人的,但它们必须被小心地采用。"掌握着装色彩搭配三大规律是形象设计师的必修课。

1.冷暖色搭配规律

冷色+冷色;暖色+暖色;冷色+中间色;暖色+中间色;中间色+中间色。

图6-13 特别色搭配

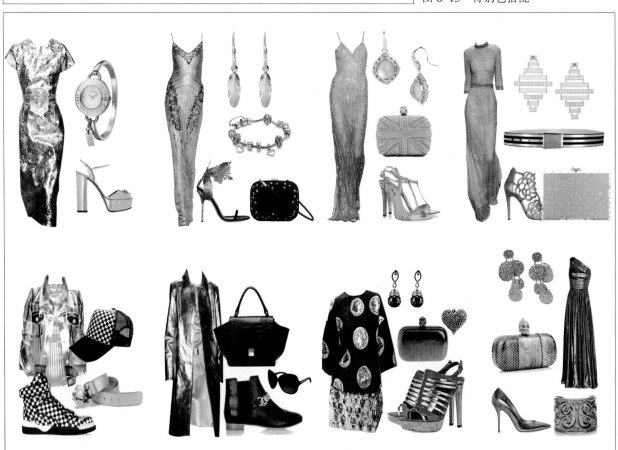

图6-14 特别色服饰搭配案例

2. 呼应色搭配规律

以所占比例最大的那种颜色为主基调,以最浓、最重或最明艳的颜色为准,呼应色搭配法适用范围包括:上装—下装、内衣—外衣、服装—包袋、服装—鞋袜、包袋—鞋袜、服装—帽伞、服装—饰品。

3. 图案色搭配规律

(1)单色+单色;

(2)单色+多色;

(3)单色+图案。

上装有图案时,下装配素色为佳;

内装有图案时,外套则选素色的;

服装有图案时,包袋则衬素色的;

服装是素色时,配饰选有图案的。

同时也有禁忌的原则,例如:

(1)冷色+暖色;

(2)亮色+亮色;

(3)暗色+暗色;

(4)杂色+杂色;

(5)图案+图案。

4. 扬长避短的技巧

恰到好处地运用色彩搭配,不但可以修正、掩饰身材的不足,而且能强调突出自身的优点。例如,深色有收缩感,浅色有膨胀感;冷色显收缩,暖色显膨胀;明度低有收缩感,明度高有膨胀感;纯度低有收缩感,纯度高有膨胀感;上深下浅显轻盈,上浅下深显稳重。而合理运用色彩的特性,可扬长避短,例如:

(1)梨形身材

身材特征:肩部窄,腰部粗,臀部大。

弥补方法:胸部以上用浅淡或鲜艳的颜色,使视线忽略下半身。

注意事项:上半身和下半身的用色不宜对比太强烈。

(2)倒三角形身材

身材特征:肩部宽,腰部细,臀部小。

弥补方法:上半身色彩要简单,腰部周围可以用对比色。

注意事项:回避上半身用鲜艳的颜色或对比的颜色。

(3)圆润型身材

身材特征:肩部窄,腰部和臀部圆润。

弥补方法:领口部位要用亮的、鲜艳的颜色,身上的颜色要偏稳重,最好是一种颜色或渐变色搭配。

注意事项:身上的颜色不宜过多或过鲜艳。

(4)窄型身材

身材特征:整体骨架窄瘦,肩部、腰部、臀部尺寸相似。

弥补方法:适合多使用明亮的或浅淡的颜色,可使用对比色搭配。

注意事项:不宜用深色、暗色。

(5)扁平型身材

身材特征:胸围与腰围相近,臀围正常或偏大。

弥补方法:用鲜艳明亮的丝巾或胸针装饰,将视线向上引导。

注意事项:不宜使用深色装饰腰部。

(四)色彩搭配与个性传达

服装具有遮羞、御寒的功能,还是展示个体差异的标志。作为社会人,总是希望在他人面前展示良好的自我,借助服装来展示自己的与众不同,证明自己在社会中的存在。色彩的存在与变化可以帮助穿着者建立自信心和自尊心,在让他人关注到自己的同时,也建立起同他人的某种联系。体现个性特征的心理需求为服装色彩的存在与发展提供了更大的空间。

服装的穿着色彩能够强烈地反映出着装者的个性特征,每个人都会根据自己的性格和喜好选择不同的服装色彩。性格外向者,或活泼、或轻快、或动感、或时尚、或现代;性格内向者,或古典、或自然、或优雅等,不同的色彩搭配不同的性格体现。自然型的色彩搭配以自然色、大地色等弱对比系列为主;浪漫型的色彩搭配较多的是柔和、朦胧、梦幻的粉色系列;古典型的服饰色彩以中度对比,大面积用理性色,或用黑白色搭配;时尚型则适合采用强对比、鲜艳夺目的色彩搭配。(图6-15)

服装色彩不是孤立的要素,除了要适应穿着者的性格、风格、出席场合和身份等因素之外,还要与很多其他因素结合在一起,如同一色彩与不同款式或不同面料结合在一起,能产生不同的视觉特征;在设计或穿着过程中,色彩与穿着者的肤色、性格、体形、气质应相互联系,表现出色彩的个性化特征,以及用服饰色彩反映社会人的集团特征、群体形象等。由此可见,随着社会的发展,人们对色彩世界的感知和需求必将不断推向更高的层次。合理运用设计手法和设计规律,提高大众对服装色彩的审美体验,未来的服装设计或服饰搭配才能充分展示出时尚和个性化的魅力。

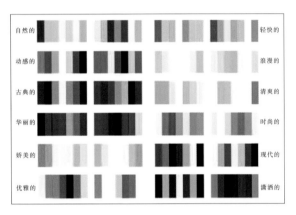

图6-15 色彩的性格

图6-16 百搭单品

二 服饰风格搭配

由于服装的基本形态、品种、用途、制作方法、原材料的不同,各类服装亦表现出不同的风格与特点,变化万千,十分丰富。为适应现代年轻人的个性着装,满足他们的着装喜好需求,在电子商务讯息多元化的时代,受各类高、中、低档服装品牌及电商方面销售宣传的引导,现代人将着装风格归纳为大约18种类型:百搭、嬉皮、瑞丽、淑女、韩式、民族、欧美、学院、通勤、中性、嘻哈、田园、朋克、OL、洛丽塔、街头、简约、波西米亚等。这些服装搭配风格在广大消费者眼中有着不可忽视的影响力,同样也是目前服饰搭配师可以借鉴参考的风格分类搭配。

(一)百搭风格

"百搭"是指一件单品可以搭配多种类型的衣服。一般是较为实用的单件服饰与其他款式、颜色的服饰搭配均能产生较好的效果。通常都是比较基本的、经典的样式或颜色的服饰,如纯色系服装、牛仔裤、当季流行的衬衫、针织外搭、鱼尾裙等。(图6-16)

(二)嬉皮风格

嬉皮士(Hippie)本来被用来描写西方国家1960年至1970年的反抗习俗或当时政治的年轻人。嬉皮士用公社式和流浪的生活方式来反映他们对民族主义和越南战争的反对，他们提倡非传统的宗教文化，批评西方国家中层阶级的价值观。从细节上看，这类人所穿着的服装具有繁复的印花、圆形的口袋、细致的腰部缝合线、粗糙的毛边、珠宝配饰等特点，多喜欢个性化穿着的表达方式；从颜色上看，暖色调里的红色、黄色和橘色，冷色调里的绿色和蓝色都是热点；从款式上看，嬉皮士为了展示身体曲线的美感，女式紧身服采用轻薄又易于穿着的面料，而男式衬衫、外套广受异域风情的影响，把夏威夷海滩风情穿进办公室也不足为怪。(图6-17)

(三)瑞丽风格

北京《瑞丽》杂志社将世界潮流热点与时尚精华融合为东方风格的实用提案，指导中国普通女性欣赏和享用时尚，对中国女性的审美取向和生活方式有一定的影响力。旗下《瑞丽可爱先锋》面向16~18岁的城市高中女生，是中国少女的时尚入门杂志；《瑞丽服饰美容》面向18~25岁的大学女生和职场新人，它不仅发布最具影响力的服饰美容潮流资讯，更提供权威性的自我形象塑造提案和指导；《瑞丽伊人风尚》面向25~35岁的都市职业女性，它推介潮流时尚，提供美丽秘籍，鼓励女性拥有事业，追求幸福，完善自我。(图6-18)

图6-17 嬉皮风格

图6-18 瑞丽风格

113

总体说来,瑞丽的主要风格以甜美优雅深入人心,成为城市女性上街购衣的参考指南。

(四)淑女风格

自然清新、优雅宜人是淑女风格的概括。蕾丝与褶边是柔美淑女风格的两大标志。如图 6-19 所示,蝴蝶袖、泡泡袖、抹胸长裙、印花、刺绣、活泼甜蜜的糖果色、可爱的宽檐帽等也是甜美淑女装的打造元素。

(五)韩式风格

韩装主要通过特别的明暗对比来彰显特色。设计师通过面料的质感与对比,加上款式的丰富变化来强调视觉冲击力,韩式风格整体上精致、简洁、内敛、休闲而温馨。如图 6-20 所示,最典型的韩装就是采用那种淡淡的明度很高的色彩,以纯白、淡黄、粉红、粉青、湖蓝、紫色为主打;面料精致、贴身剪裁、做工精细;侧重上身效果,再加上精美的饰品搭配,感觉随意时尚、自成一派。

随着流行趋势的变化,韩式服饰搭配风格也在变化。高腰的中长版型的裙衫装;吊带韩版裙配针织镂空的小坎肩;简约的大廓型中长大衣搭配紧身打底裤和运动鞋等,深受 15~25 岁年轻女子的喜爱。

(六)民族风格

具有民族风格的服装多选用以绣花、蓝印花、蜡染、扎染等具有民族工艺特点的布料,一般以棉和麻为主。在色彩和款式上,也具有民族特征,或者在细节上带有民族装饰手法的亮点。目前,以唐装、旗袍、尼泊尔服饰、印度服饰以及各民族改良服饰为经典代表,搭配简约的白衬衫、靛蓝的牛仔裤、窄袖的宽松大衣等既民族又时尚。(图 6-21)

(七)欧美风格

在服饰方面,欧美风格主张大气、简洁、随意。以黑白色调、卡其色调为主的服饰,加以马甲、围巾、帽子、珠宝等配饰搭配就可以称为欧美风格,有一种自在随性的气息。另外一种欧美风格是以说唱音乐为代表的,偏重于街头简约的潮范儿,具有"酷""帅"的重金属特点和较强的设计感。(图 6-22)

图 6-19　淑女风格

图 6-20　韩式风格

图 6-21　民族风格

图 6-22　欧美风格

(八)学院风格

代表着年轻的学生气息、青春活力和可爱时尚的学院风,原本是在学生校服基础上进行的改良的设计。"学院风"衣装以百褶式及膝裙、小西装式外套居多,可让人重温学生时光。近年流行的英格兰"学院风"以简便、高贵为主,以格子图样为特点。格纹短裙搭配帆布鞋、休闲靴、双肩包、黑框镜、小礼帽,既时尚又俏美,如图6-23所示。

图 6-23 学院风格

(九)通勤风格

通勤风格是职业+休闲的风格,是时尚白领的半休闲服装。(图6-24)休闲已成为这个时代不可忽视的主题,它不仅是度假时的装束,而且也出现在职场和派对上。如平底鞋、宽松长裤、针织套衫,因为这些服饰让穿着者看上去既温和又自然,而通勤风格的重点就在于干练、简洁、清爽、偏休闲的形象。通勤是从业人员工作和学习等原因往返住所与工作单位或学校的行为或过程,工业化社会的必然现象。在19世纪以前市民主要步行上班,现如今汽车、火车、公共汽车、自行车等交通工具,让住在较远处的人可以快捷地上班;随着交通工具的进步,城市可以扩张到以前不可能扩张的地方;市郊的设立亦令市民可以在远离市区之处定居。时代环境的发展使得从业人员着装既要职业化又要便于行走,通勤风格服饰正是满足这样的需要。

图 6-24 通勤风格

(十)中性风格

中性风格兴起于20世纪初的女权运动;60~70年代的中性装扮推进了流行高潮;80年代初,留着长长的波浪形发式,穿花衬衫、紧身喇叭牛仔裤,提着进口录音机的国内青年曾被视为社会的不良分子,成为各种漫画嘲讽的题材;90年代末中性风格成了流行的宠儿,两性的角色定位在职场中也逐渐减弱,着装开始相互借鉴。T恤衫、牛仔装、低腰裤被认为是中性服装;黑、白、灰是中性色彩;染发、短发是中性发式。随着社会、政治、经济、科学的发展,人类开始寻求一种毫无矫饰的个性美,性别不再是设计师考虑的重要因素,介于两性中间的中性服装成为街头一道独特的风景。中性服装以其简约的造型满足了女性在社会竞争中的自信,以简约的风格使男性享受时尚的愉悦,如图6-25所示。传统衣着规范强调两性角色的扮演,

图 6-25 中性风格

115

男性需表现出稳健、庄重、力量的阳刚之美;女性则应该带有贤淑、温柔、轻灵的阴柔之美;中性风格却淡化或模糊两性着装的界定线。

(十一)嘻哈风格

虽然说嘻哈表现为自由,但还是有些较明显的标志,如宽松的上衣和裤子、帽子、头巾或胖胖的鞋子。美国是嘻哈文化的发源地,引导着嘻哈风格的主流穿法,而低调极简的日式嘻哈属于另一种小众潮流。嘻哈穿着风格一直在转变,美东纽约一带穿着搭配更注重精致感;美西风格爽朗、明快、自由,重视衣服上的涂鸦,甚至当作传达世界观的工具,如图6-26所示。而美国的嘻哈非常生活化,宽松简单,强调个人风格。当前,纽约流行的嘻哈风格服饰宽松依旧,但不再过于松垮,简单而干净,能呈现质感。

图6-26　嘻哈风格

图6-27　田园风格

(十二)田园风格

田园风格崇尚自然,反对强光重彩的华美、繁琐的装饰和雕琢美。它摒弃了经典的艺术传统,追求原生态的田园生活和自然清新的气象,以纯净自然的素质美、明快清新具有乡土风味为主要特征,通过自然随意的款式、朴素的色彩,表现一种轻松恬淡的、超凡脱俗的生活境界。可从大自然中汲取设计灵感,常取材于树木、花草、蓝天、大海和沙滩,把心灵时而放在高山雪原,时而放到大漠荒野,虽不一定要染满自然的色彩,却要褪尽都市的痕迹,远离谋生之累,进入清静之境,表现大自然永恒的魅力。纯棉质地、小方格、均匀条纹、碎花图案、木纹理、棉质花边等都是田园风格中最常见的元素,如图6-27所示。

(十三)朋克风格

早期朋克的典型装扮是用发胶胶起头发,穿一条窄身牛仔裤,加上一件不扣钮扣的白衬衣,再戴上一个耳机连着别在腰间的walkman,耳朵里听着朋克音乐的形象。进入20世纪90年代以后,时装界出现了后朋克风潮,它的主要标志是鲜艳、破烂、简洁、金属。

朋克风格采用的装饰图案,最常见的有骷髅、皇冠、英文字母等;

在工艺制作时，常镶嵌闪亮的水钻或亮片在其中，展现一种另类的华丽之风，如图6-28所示。朋克风格时而华丽，时而花哨，但整体服装色调是十分完整的；朋克装束的色彩通常也很固定，譬如红黑、全黑、红白、蓝白、黄绿、红绿、黑白等，最常见的是红黑搭配；配饰也很精致，朋克风格多喜好用大型金属别针、吊链、裤链等比较显眼的金属制品来装饰服装，尤其常见的是将服装故意撕碎并在破坏的地方用其连接。

(十四)OL风格

OL是英文office lady的缩写，中文解释为"白领女性"或者"办公室女职员"，通常指上班族女性。OL风格时装一般来说是指套裙，很适合办公室职场女性、时尚白领穿着，如图6-29所示。

(十五)洛丽塔风格

西方人说的"洛丽塔"女孩是指那些穿着超短裙，化着成熟的妆容但又留着少女刘海的女生，简单来说，就是"少女强穿女郎装"的情形。当"洛丽塔"流传到了日本后，日本人就将其当成天真可爱少女的代名词，统一将14岁以下的女孩称为"洛丽塔代"，而且态度变成"女郎强穿少女装"，即成熟女性对青涩女孩的向往，如图6-30所示。"洛丽塔"三大族群：(1)Sweet Love Lolita——以粉红、粉蓝、白色等粉色系列为主，衣料选用大量蕾丝，务求缔造出洋娃娃般的可爱和烂漫；(2)Elegant Gothic Lolita——主色是黑和白，特征是想表达神秘、恐怖和死亡的感觉，通常配以十字架银器等装饰，以及比较浓烈的深色妆容，如黑色的指甲、眼影、唇色，强调神秘色彩；(3)Classic Lolita——基本上与第一种相似，但以简约色调为主，着重剪裁以表达清雅的心思，颜色不出挑，如茶色和白色，蕾丝花边会相应减少，而荷叶褶是最大特色，整体风格比较平实。

图 6-28 朋克风格

图 6-29 OL风格

图 6-30 洛丽塔风格

图6-31　街头风格

图6-32　简约风格

图6-33　波西米亚风格

(十六)街头风格

街舞、Hip-Hop、DJ、说唱、滑板运动等都是街头文化代表的事物。街头服饰一般来说是宽松得近乎夸张的T恤和裤子、头巾、宽松篮球服和运动鞋,如图6-31所示。宽松随意、独特剪裁、色彩绚丽、时尚和运动服的混搭是街头风格的搭配要领。

(十七)简约风格

廓形是服装设计的第一要素,既要考虑其服装本身的长短比例、搭配节奏和平衡关系,同时又要考虑与人体体形的协调关系,如图6-32所示。简约风格的服装几乎不要任何装饰,面料精致、结构简约、工艺细致是简约风格的特征表现。他们把一切多余的东西都从服装上拿走。如果第二粒纽扣找不出存在的理由,就只做一粒纽扣;如果这一粒纽扣也非必要,那干脆做无纽衫;如果面料本身的肌理已经足够迷人,那就不用印花、提花、刺绣;如果面料图案着实丰富,那就不轻易打衣褶、打省、镶滚;如果穿着者的脸让人的目光久久不能离去,那他们也绝不会以花哨的服饰来分散这种注意。

(十八)波西米亚风格

波西米亚风格的服装并不是单纯指波西米亚当地人的民族服装,服装的"外貌"也不局限于波西米亚的民族服装或吉卜赛风格的服装。它是一种以捷克共和国各民族服装为主的,融合了多民族风格的现代多元文化的产物。如,层层叠叠的花边、无领袒肩的宽松上衣、大朵的印花、手工的花边和细绳结、皮质的流苏、纷乱的珠串装饰,还有波浪乱发;运用撞色取得视觉美效果,如宝蓝与金啡,中灰与粉红……比例不均衡感;剪裁略带哥特式的繁复,注重领口和腰部设计。(图6-33)

人们在选择服装的着装风格时,除了与自身的天生条件(身体线条、脸部的线条、五官的特征)相符外,还要符合自身的身份、年龄、审美观、气质、喜好、信仰、着装的场合、季节流行趋势等多种外在因素,需要在教与学中结合实际情况,反复训练才能逐渐提高服装搭配的能力。

三　服装面料搭配

不同的面料和质感给人不同的印象和美感,从而产生风格各异的服装,欲将材质潜在的性能和自身的风格发挥到最佳状态,需要把面料风格与服装的表达融为一体,选用最能表现服装风格的面料尤为重要。

(一)华丽古典风格的服装与面料选择

华丽古典风格是以高雅含蓄、高度和谐为主要特征的,不受流行左右的一种服饰风格,具有很强的怀旧、复古倾向。用传统规范的审美标准来衡量和强调完美无瑕的设计语言,风格严谨,格调高雅。通过廓形、结构、材质、色彩、装饰、工艺等各种近乎完美的设计和制作,显示出宫廷王室和贵族主导的衣着风格和审美意志。服装中比较具有代表性的就是男式和女式礼服。

此类风格的服装在面料的选择上常采用如塔夫绸、天鹅绒、丝缎、绉绸、乔其纱、蕾丝等具有华丽古典风格的材质。高贵的品质感是选材的重点,制作中再配合精致的手工,如刺绣、镶嵌等,营造格调高雅的古典风格。(图6-34)

图6-34 华丽古典风格的服装与面料选择

(二)柔美浪漫风格与面料的服装选择

柔美浪漫风格源于19世纪的欧洲,是近年服装流行趋势的主流,展示了甜美、柔和、富于梦幻的纯情浪漫女性形象,是纯粹表现女性柔美或少女天真可爱,或大胆、性感、女人味的风格。反映在服装上则是柔和圆顺的线条,变化丰富的浅色调,轻柔飘逸的薄型面料,循环较小的印花图案,使服装能随着人的活动而显示出轻快飘逸之感。趋于自然柔和的形象,讲究装饰意趣,使人们在都市的喧嚣中,感受到一种充满梦幻的空间。

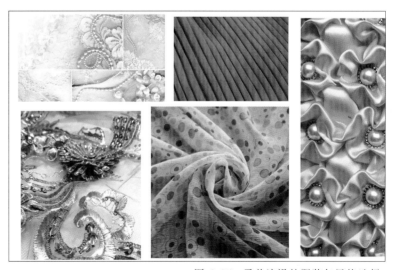

图6-35 柔美浪漫的服装与风格选择

在面料的选择上常采用柔软、平滑、悬垂性强的织物,如乔其纱、雪纺、柔性薄织物、天鹅绒、丝绒、羽毛、蕾丝、经过特殊处理的天然质地织物、仿天然肌理织物等;配合彩绣、珠绣、印花、编织、木耳边等细节处理。粉色的浪漫系数在色彩中是首屈一指的,加上飘逸的雪纺和柔美的浅色调,将初长成小女人的形象表现得可爱又不失纯美。采用近肤色与烟灰色的雪纺长裙,运用层叠的荷叶边设计衬托出飘逸灵动之美。(图6-35)

(三)田园风格的服装与面料选择

田园风格追求的是一种原始美、纯朴美和自然美。田园风格的服装以明快清新、具有乡土风情为主要特征，多层次的穿着形式，自然随意、宽大疏松的款式，天然的材质和大自然丰富的色彩，表现出一种轻松恬淡、超凡脱俗的气息。犹如置身于田园，悠然恬静的心理感受，为饱受现代都市繁杂喧闹而倍感疲惫的人们带来赏心悦目的生活乐趣。

在面料的选择上常以棉、麻、丝等纯天然纤维面料为主，采用带有小方格、均匀条纹和各种美丽花朵图案的纯棉面料、蕾丝花边、蝴蝶结图案、针织面料等元素，再加上各种植物宽条编织的饰品、对比的肌理效果、粗犷的线条，风格鲜明，配上荷叶边、泡泡袖，这些少女味十足又充满质朴乡村风情的元素，既清新可人又随性自然。（图6-36）

图6-36　田园风格的服饰与面料选择

(四)军服风格的服装与面料选择

早在15世纪就出现了带有军旅元素的时装，军服风格发展到今天，已经成为流行趋势中不可分割的一部分，不同时代的服装设计师都会从军服中汲取灵感。军服风格的服装剪裁一般比较简洁，版型硬朗，带有明显的军装细节，如肩章、数字编号、迷彩印花、腰带、背带及制作精致的双排纽扣装饰等。讲究实用，注重功能性，尽显干练潇洒的阳刚之美。今天的军服风格不同以往的绿色军营，趋向多元化，不只是以硬朗的廓形为元素，而是运用柔和的色彩和腰线的挪移，并结合刺绣、格子以及中性化细节来设计。

军服风格的服装在面料上多采用质地硬而挺的织物，如水洗的牛仔布、水洗棉、卡其、灯芯绒、薄呢面料、皮革等，以军绿、土黄色、咖啡色、迷彩为常用颜色，并配合金属扣装饰物、多拉链、双排扣、多口袋及粗腰带等。（图6-37）

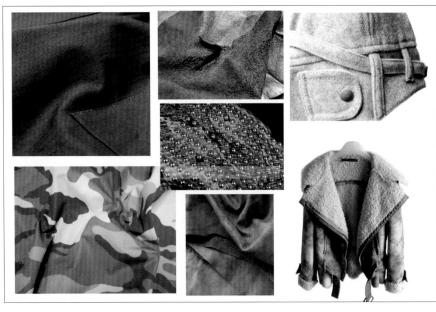

图6-37　军服风格的服装与面料选择

(五)前卫风格的服装与面料选择

前卫风格源于 20 世纪初期,以否定传统、标新立异、创作前所未有的艺术形式为主要特征。如果说古典风格是脱俗求雅的,那么前卫风格则是有异于世俗而追求新奇的,它表现出一种对传统观念的叛逆和创新精神,是对经典美学标准做突破性探索以寻求新方向的设计。前卫的服饰风格多用夸张手法和离经叛道的搭配,但又不拘一格。它超出通常的审美标准,任性不羁。造型特征以怪异为主线,从宏观的天体运行到人类城市群落的罗列,再到社会科技信息的交流,以及微观动植物的命脉律动……人类丰富的想象力可以将这些神秘现象形象化,创造出超现实的抽象造型,突出表现诙谐、神秘或者悬念、恐怖的效果。

在面料的选择上,以寻求不完美的美感为主导思想,将毛皮与金属、皮革与薄纱、镂空与实纹、透明与重叠、闪光与亚光各种材质混合在一起。在色彩方面,可以用撞色或单一无色彩系等搭配新奇夸张图案来凸显个性。(图 6-38)

图 6-38 前卫风格的服装与面料选择

四 服装款式搭配

服装款式不计其数,从整体来讲,款式最显著的特征体现在服装的外轮廓上。而以服装款式搭配形式来说,有长与短的变化、宽与窄的区别、方与圆的不同。

(一)长与短

长与短似乎是人们讨论或评论衣服时提及最多的话题。比如,女性购买上衣时偏向于较长的盖臀或盖半膝款式,是因为较长的上衣能够在视觉上拉长穿着者的上身,使其上身显得更加苗条等。再举例来说,及脚踝的长裙与 30 公分的短裙,两个裙子在长度上存在着不同,而这长短不仅仅是在服装长度的变化上,反映在人体上,长裙的穿着与短裙有着不一样的个性效果。同一人穿着短裙会给人以性感,长裙则给人以保守。服装在长与短方面的搭配上有三个方案。

图 6-39 上长下短

图 6-40 上短下长

图 6-41 上下一般长

1. 上长下短

上长下短是前几年最流行的款式搭配法则。以人体的黄金比例为准,上衣下摆就位于全身的黄金比例上下浮动。(图6-39)

这种款式搭配的优点在于:

(1)能够修饰臀部过大的缺点,适合梨形身材的人。但应该注意两点,一是臀部后翘过度而且胯部过于宽大者就不要选择了,否则整个上身就是俗称的水桶形;第二个是臀部上面切忌无序的自然褶皱。

(2)能够在视觉上形成错觉,产生苗条高挑感。因为习惯上在观察人的时候,会有一种无意识状态,自觉不自觉地把自己的视觉集中在人的上半身上,大多数人会依次以头、上身、下身、脚的顺序,从上到下地进行观察。其中上身的观察占观察总数的50%至80%,这就说明可以穿着上长下短来修饰先天不足的身高,如果再配上高跟的鞋子,则更能发挥掩饰的威力。

2. 上短下长

上短下长是近几年流行的款式,有复古的特色。这种款式搭配的优点在于:

(1)突出下身的修长,具有拉长腿的效果。特别是对身材上长下短的人来说这样的搭配能够起到一定的修正作用。

(2)短小的上装能够突出胸部。特别是对平胸的女性,可以尝试选择短小的上装,具有突出胸部的作用,且上装长度最好不要超过肚脐部位。(图6-40)

3. 上下一般长

这是大众最为保守的一种长短搭配方式,这种搭配过于均衡,毫无亮点。但近几年流行的非主流中却有不少这样的款式搭配出现,这与人们审美观的转变有很大的关系,不少年轻一族中或多或少地也认同了这种搭配。(图6-41)

(二)宽与窄

男士在挑选西服时经常注意到的一点是垫肩。因为正确的垫肩能够修正男士的肩部线条，从而塑造出上宽下窄倒梯形的男子汉身材；而女性在挑选服装时要塑造出前凸后翘、腰细胯宽的迷人身材。这说明了服装宽窄搭配的学问。

1. 上宽下窄

这是男士应该具有的身材标准。通常可以选择加垫肩或加宽胸部，以较挺实的面料做成的上装进行穿着；而女性加宽部位不同于男性，如泡泡袖、马蹄袖能让肩部变宽，上宽下窄，让穿着者的身材看起来有点"壮"的效果。（图6-42）

2. 上窄下宽

这种形式的服装首先排除了梨形身材的人穿着。而Y形身材女生(即上宽下窄的体型)穿着的话会起到很好的修饰效果，特别是中短裙装样式。H型身材的女性也适合穿着此类服装。（图6-43）

3. 上下一般宽

这种搭配很需要技巧性，可以从面料、颜色、配饰等方面进行对比调和搭配。（图6-44）从风格上来讲，崇尚宽大的嘻哈服饰或宽大的T恤；再比如说宽大的衬衫，衬衣面料偏薄极容易下垂，如果胸部扁平的女性则不宜选择，可以选择在外部覆盖较挺括的面料或表面多毛的面料，同样也可以使用视觉转移法把全身设计亮点转移到其他地方，比如，脸、手、脚部等部位，还可以加大围巾的装饰作用，整个或者大部分的盖住胸部线条进行掩饰。

图6-42　上宽下窄

图6-43　上窄下宽

图6-44　上下一般宽

123

图 6-45 方与圆

(三)方与圆

这里所描述的方与圆指的是给人感觉上的方与圆,它包括很多内容,如各种线条上的直与曲。一般来说,一件衣服上的直线与曲线是相结合而产生的,在观察一件衣服是男士还是女士衣服的时候除了从装饰风格上判别,还有款式上,区别最明显是圆圆的胸凸与臀凸,这一点在选购西服上衣和裤子的时候就十分明显。(图6-45)

在款式设计上已经有了一套约定俗成的规律:男士多直线,女士多以曲线构成,男人是力量、肌肉、勇敢与沉稳的,可比钢铁、巨石、阳光等,给人的感觉都是方直、刺眼的;而女性给人的感觉是柔情、妩媚、娇美、温柔等,可让人联想到微风中的杨柳、流动的水流等,这些给人的感觉是缓缓的、温暖的曲线之美。这就是男女体态特征上的差异。

近年来盛行中性打扮,很多女性服装会适当地添加男性服饰的元素,比如:女性大衣上采用代表阳刚和军队的祥带,而在男性服装上也可以看到的一些蜻蜓的绣花图案等装饰,或是粉嫩的色彩着装。

(四)扬长避短

服装款式搭配常以长与短、宽与窄、方与圆的搭配原则为参考,但是,每个人都是独一无二的个体,有着自身的特点,既有长得美的部分也会有长得不太满意的部分,因此,在服装款式细节或局部的搭配上应酌情处理,掌握扬长避短的要领。

1. 长脸:不宜穿与脸型相同的领口衣服,更不宜用 V 形领口和开得低的领子,适宜穿圆领口的衣服,也可穿高领口、马球衫或带有帽子的上衣;可戴宽大的耳环但不宜戴长的、下垂的耳环。

2. 方脸:不宜穿方形领口的衣服和戴宽大的耳环;适合穿 V 形或勺形领的衣服,可戴耳坠或者小耳环。

3. 圆脸:不宜穿圆领口的衣服,也不宜穿高领口的马球衫或带有帽子的衣服,不适合戴大而圆的耳环;最好穿 V 形领或者翻领衣服,戴耳坠或者小耳环。

4. 粗颈:不宜穿关门领式或窄小的领口和领型的衣服,用短而粗的紧围在脖子上的项链或围巾;适合用宽敞的开门式领型,当然也不要太宽或太窄,适合戴长珠子项链。

5. 短颈:不宜穿高领衣服和戴紧围在脖子上的项链;适宜穿敞领、翻领或者低领口的衣服。

6. 长颈:不宜穿低领口的衣服和戴长串珠子的项链;适宜穿高领口的衣服,系紧围在脖子上的围巾,戴宽大的耳环。

7. 窄肩:不宜穿无肩缝的毛衣或大衣和用窄而深的 V 形领;适合穿开长缝的或方形领口的衣服和宽松的泡泡袖衣服,适宜加垫肩类的饰物。

8. 宽肩:不宜穿长缝的或宽方领口的衣服和用太大的垫肩类的饰物,不宜穿泡泡袖衣服;适宜穿无肩缝的毛衣或大衣和深的或者窄的 V 形领。

9. 粗臂:不宜穿无袖衣服,穿短袖衣服也要在手臂一半处为宜,适宜穿长袖衣服。

10. 短臂:不宜用太宽的袖口边,袖长为通常袖长的3/4为好。

11. 长臂:衣袖不宜又瘦又长,袖口边也不宜太短;适合穿短而宽的盒子式袖子的衣服,或者宽袖口的长袖衣服。

12. 小胸：不宜穿领口过低的衣服；适合穿开细长缝领口的衣服，或者水平条纹的衣服。

13. 大胸：不宜用高领口或者在胸围打碎褶的款式，且不宜穿有水平条纹图案的衣服或短夹克；适合穿敞领和低领口的衣服。

14. 长腰：不宜系窄腰带，以系与下半身服装同颜色的腰带为好，且不宜穿腰部下垂的服装；适合穿高腰的、有褶饰的罩衫或者带有裙腰的裙子。

15. 短腰：不宜穿高腰式的服装和系宽腰带；适合穿使腰部、臀部有下垂趋势的服装，系与上衣颜色相同的窄腰带。

16. 宽臀：不宜在臀部补缀口袋和穿着打大褶或碎褶的、鼓胀的裙子，且不宜穿袋状宽松的裤子；适合穿柔软合身、线条苗条的裙子或裤子，裙子最好有长排纽扣或中央接缝。

17. 窄臀：不宜穿太瘦长的裙子或过紧的裤子；适合穿宽松袋状的裤子或宽松打褶的裙子。

18. 大屁股：不宜穿紧身长裤或紧瘦的上衣；适合穿柔软合身的裙子和上衣或穿着长而宽松、有悬垂感的裤子。

五　服装配饰搭配

配饰与服装是一对时尚姐妹花，有了配饰的点缀和映衬，服装才能更具魅力。虽然，配饰的风格、色彩、材质一定要与服装的风格、色彩、材质相呼应。但再进行整体形象设计时，还要考虑到个人的色彩季型和风格特点、出席场合、身份地位和年龄等因素，而个人色彩因素尤为重要。

（一）春季类型

1. 帽饰

春季型人的帽子用色，可从服饰的色彩上去考虑，可以与服饰形成强烈的对比，也可以形成统一，还可以是类似色调的调和。由于过于深重的颜色与春季型人白色的肌肤、飘逸的黄发将出现不和谐感，会使春季型人十分暗淡，所以春季型人忌用黑色、过深或过重的颜色。

2. 眼镜

镜框，要尽量选择与眉毛相近的颜色，且与头发的颜色和明度相协调。通常，肤色较浅的人最好选择颜色较淡的镜框，肤色较深者，则选择颜色较重的镜框，比如，春季型人肤色较白者可以选择柔和的粉色系或金色系的镜框，稍暗的肤色则可以选择红色系或蓝色系的镜框。镜片的颜色则要与眼睛和皮肤的颜色相协调。

3. 染发

当服饰和化妆的色彩比较鲜艳呈暖色时，作为人体色特征之一的头发颜色也要与之相呼应，从而使人体色与服饰色达到最完美的和谐与统一。为了让整体的美感保持协调，春季型人就要把发色调至暖色系，才能平衡整体的色彩。

春季型人适合染棕、铜、金色等暖色调颜色的头发。

4. 首饰

春季型人适合佩戴清澈、鲜艳且色泽明亮干净的各类宝石，如暖色系的翡翠、水晶以及色泽清澈的红、黄、蓝宝石等。

春季型人适合佩戴有光泽感、明亮的黄金饰品，色泽温润，微黄的珍珠饰品也是其不错的选择。

春季型人佩戴白金或银质饰品会显得生硬廉价。

(二)秋季类型

1. 帽饰

秋季型人的帽子要选择秋季浓郁、华丽、浑厚的色彩,通常是跟衣服同色相或同色调的颜色,也可以是类似的色相、色调。

2. 染发

头发靠脸部最近,与脸色共同构成了人的头部颜色特征,所以它的颜色非常重要。由于发色本身是构成人体色特征的重要部分,一般它与人的肤色是天然吻合的。因此,在日常染发时最好用接近自己原来天然发色的颜色,不要染与自己肤色不协调的发色,否则给人的感觉会很怪异。

秋季型人适合染棕黄色、深棕色、咖啡棕等暖色调颜色的头发。

3. 眼镜

秋季型人肤色较白者可以选择稍微浅淡一点的金色或绿玉色的镜框,稍暗的肤色则可以选择棕色系或铁锈红、凫色等颜色。

镜框色:棕色、金色、铁锈红、凫色等。

镜片色:棕色、橙红色系、橄榄绿等。

4. 首饰

秋季型人首饰的颜色以浓重的金色调及大自然的色调为主,比如,泥金、哑金、琥珀、玛瑙、铜色、贝壳、木质的首饰等,色泽温和、微黄的珍珠饰品也是极佳的选择。

秋季型人适合佩戴黄金饰品、木质饰品,但一定要慎用铂金及银质饰品。铂金及银质饰品属冷色系,与秋季型人肤色属性相冲突,如果佩戴,不仅不能起到美化作用,反而破坏了整体的美感。

(三)夏季类型

1. 帽饰

夏季型人帽子用色也要根据服饰来搭配,选择夏季色彩群中浅淡的色彩,通常是跟衣服同色相或同色调的色彩,也可以是类似色相或类似色调的色彩。

夏季型人帽子颜色,主要从两方面来选择,类似色的搭配和统一色的搭配,如淡蓝色、蓝紫色、蓝灰色都属于类似色,它们之间的搭配产生渐变效果;紫罗兰色、薰衣草紫则属统一色,可采用支配配色方案进行搭配。

2. 染发

当服饰和化妆的色彩呈现轻柔、淡雅的感觉时,作为人体色特征之一的头发的色彩也要与之相呼应,从而达到整体色彩的平衡。所以,为了让整体的美感保持协调,夏季型人就要把发色调至冷色系。

夏季型人适合染灰褐色、灰黑色、酒红色的头发。

3. 眼镜

夏季型人肤色较白者可以选择柔和的粉色系或银色的镜框,稍暗的肤色则可以选择红色系或蓝色系的镜框。镜片的颜色则要与眼睛和皮肤的颜色相协调。

镜框色:银色、灰色、蓝灰色、紫色等。

镜片色:淡粉色,蓝紫色、蓝色、紫色等。

4. 首饰

夏季型人可佩戴冷白系的乳白色珍珠、水晶、玻璃质感的饰品,以及色泽清澈的紫宝石、蓝宝石都能充分体现夏季型人清新典雅的气质。

夏季型人适合佩戴白金饰品和银饰,珍贵的白钻饰品是其极佳的选择。

夏季型人不适合佩戴黄金饰品,因为黄金与其皮肤色相排斥,会显得十分庸俗。

(四)冬季类型

1. 帽饰

帽子颜色最好根据服装来搭配,冬季型人的帽子同样要选择鲜艳、纯正、饱和的色彩。通常是跟衣服同色相或同色调的颜色,也可以是类似的色相、色调,但对比效果是其最佳选择。

在选择冬季型人的帽子颜色时,可以从服饰的颜色上去考虑,可以与服饰形成强烈的对比,也可以形成统一,还可以给别人一种类似色调的搭配,如橘红与正绿形成一组强烈而鲜明的对比,具有极强的视觉冲击力,时尚、跳跃,十分引人注目;紫罗兰色与深紫色形成统一感,给人温柔神秘的印象;而玫瑰红与蓝红色形成一组类似、相近的感觉,时尚又不失端庄。

2. 染发

头发靠脸部最近,与脸色共同构成了人的头部颜色特征,所以它的颜色非常重要。由于发色本身是构成人体色特征的重要部分,一般它与人的肤色是天然吻合的。因此,在日常染发时最好用接近自己原来天然发色的颜色,不要染与自己肤色不协调的发色,否则给人的感觉会很怪异。

冬季型人适合染黑棕色、黑色、深酒红等冷色调颜色的头发。

3. 眼镜

冬季型人肤色较白者可以选择柔和的银白色系的镜框,稍暗的肤色则可以选择黑色系或炭灰色的颜色。镜框的颜色应与头发的颜色和明度相协调。镜片的颜色则要与眼睛、皮肤的颜色相协调。

镜框色:黑色、银色、炭灰色等。

镜片色:粉色、灰色、蓝色、紫色等。

4. 首饰

冬季型人适合佩戴明亮、鲜艳且色泽纯正、干净的各类宝石,其中又以冷色系的纯白珍珠或黑色珍珠,以及色泽清澈的红宝石、蓝宝石最能体现出其冷艳气质。

冬季型人若想要佩戴金属饰品,最好以亮银、铂金为主,还可以选择钻石,但不适合黄金饰品。

思考与练习

1. 以橙、红、黄、蓝、绿、紫、白为主色进行服装色彩搭配,要求每种颜色搭配方案中必须包括对比色搭配、近似色搭配、中性色搭配、特别色搭配。

2. 从 8 种服饰风格中任选 5 种风格,每种各完成 1~4 套服装搭配方案。

3. 以不同的单品,如背心、棒球衫、褶裙、大衣、衬衣等为主打款式,每个款式至少完成 3 种不同的搭配方案。

4. 为自己搭配一套商务正式场合穿着的服装和一套运动休闲场合着装,注意扬长避短的技巧与体现,搭配方案应具时尚感。

第七章　职场礼仪与个人形象

教学目标及要点

课题时间:4学时

教学目的:了解职业场合的基本礼仪规范以及待人接物法则,进行仪容、仪表、仪态和言谈礼仪的训练,增加职业人的自信和勇气,赢得别人的尊重。塑造彬彬有礼、温文尔雅的个人形象,做一个成功职业人。

教学要求:以课堂师生互动模式、示范与模拟相结合的方式训练,并现场纠错,寓教于乐,生动活泼。

课前准备:穿着职业套装。

礼仪是人际交往中的一种适用艺术、交际方式或交际方法,是人际交往中约定俗成的示人以尊重、友好的习惯做法。对一个人来说,礼仪是一个人的思想道德水平、文化修养、交际能力的外在表现;对一个社会来说,礼仪是一个国家社会文明程度、道德风尚和生活习惯的反映。无论身份高低,人们依然可以根据一个人的举止是否展示出礼仪来判断他的修养、教养、涵养以及是否可以合作的潜在利益。不论你有多少财富,也不论你有多少成就,教育程度有多高,资历有多深,你的仪容、仪表、言谈、举止都会一笔一画地勾勒出你的形象,有声有色地描述着你的过去和未来。

仪态之美是一种综合美、完善美,是身体各部分器官相互协调的整体表现,同时,也包括了一个人内在素质与仪表特点的和谐美。仪表,是人的外表,一般包括人的容貌、服饰和姿态等方面。仪容,主要是指人的容貌,是仪表的重要组成部分。仪表仪容是一个人的精神面貌、内在素质的外在体现,而一个人的仪表仪容往往与其生活情调、思想修养、道德品质和文明程度密切相关。

一 仪容规范

仪容通常是指人的外观、外貌。仪容美的含义,首先是仪容要自然美,或者说是天生丽质。尽管以貌取人不合情理,但先天美好的仪容相貌,无疑会令人赏心悦目,感觉愉快;其次,是要求仪容内在美。它是指通过努力学习,不断提高个人的文化、艺术素养和思想道德水准,培养出自己高雅的气质与美好的心灵,使自己秀外慧中,表里如一。仪容美的基本规则是美观、整洁、卫生、得体。

仪容美的基本要素是貌美、发美、肌肤美。美好的仪容一定能让人感觉到其五官构成彼此和谐并富有美感;发质发型使其英俊潇洒、容光焕发;肌肤健美使其充满生命的活力,给人以健康自然、鲜明和谐、富有个性的深刻印象。

(一)貌美——脸部的妆饰

容貌是人的仪容之首,在职业场合里,合适的淡妆不仅是自身仪表美的需要,也是尊重他人的一种表现形式,同时,也是满足职业交往中审美享受的需要。

1.面部要求

(1)男性应该每天修面剃须,不留小胡子或大鬓角,要整洁大方。

(2)女性应该面色钧瓷,适当涂抹胭脂,使面颊泛有微微的红晕,产生健康、艳丽、楚楚动人的效果。

2.眼部要求

眼睛是心灵的窗口,只有与脸型和五官比例匀称、协调一致时才能产生美感。因此,在工作时间、工作场合以自然的淡妆眼影为宜,不能画夸张的眼线、粘浓密的假睫毛。

3.嘴唇要求

嘴唇是人五官中敏感且显眼的部位,是人身上最富有表情的器官。在职业场合中,嘴唇的化妆主要是涂唇膏(口红),口红以中等偏淡红色系列为主,禁止用深褐色、银色等异色。

4. 微笑要求

自然而美丽的微笑,不仅为日常生活及其社交活动增光添彩,而且在职业生涯中也有着无限的潜在价值。职场中富有内涵的、善意的、真诚的、自信的微笑是有技巧的,需要反复训练。微笑训练的方法有很多,本章将介绍用筷子训练微笑的方法,按以下六步对照镜子进行反复训练。

第一步:对照镜子用上下两颗门牙轻轻咬住筷子,嘴角要高于筷子;

第二步:继续咬着筷子,嘴角最大限度地上扬。也可以用双手手指按住嘴角向上推,上扬到最大限度;

第三步:保持上一步的状态,拿下筷子。这时的嘴角就是你微笑的基本脸型,能够看到上排 8 颗牙齿即可;

第四步:再次轻轻咬住筷子,发出"YI"的声音,同时嘴角向上向下反复运动,持续 30 秒;

第五步:拿掉筷子,察看自己微笑时的基本表情。双手托住两颊从下向上推,并要发出声音,反复数次;

第六步:放下双手,同上一个步骤一样数"1,2,3,4,5",重复 30 秒结束。

在职场中,微笑是有效沟通的法宝,是人际关系的磁石。没有亲和力的微笑,无疑是重大的遗憾,甚至会给工作带来不便。可以通过训练有意识地改变自己,做到微笑的"四要"与"四不要"。

四要:

一要口、眼、鼻、眉肌结合,做到真笑。发自内心的微笑会自然调动人的五官,使眼睛略眯、眉毛上扬、鼻翼张开、脸肌收拢、嘴角上翘。

二要神情结合,显出气质。笑的时候要精神饱满、神采奕奕、亲切甜美。

三要声情并茂,相辅相成。只有声情并茂,你的热情、诚意才能为人理解,并起到锦上添花的效果。

四要与仪表举止的美和谐一致,从外表上形成完美统一的效果。

四不要:

一不要缺乏诚意、强装笑脸;

二不要露出笑容随即收起;

三不要仅为情绪左右而笑;

四不要把微笑只留给上级、朋友等少数人。

另外,注意口腔卫生,消除口臭,口齿洁净,养成餐后漱口的习惯。

(二)发美——头发的妆饰

1. 头发要整洁

作为职业女性,乌黑亮丽的秀发、整洁而端庄的式样,能给人留下美的感觉,并反映出良好的精神风貌和健康状况。为了确保发部的整洁,常清洗、修剪和梳理,以保持头发整洁,没有头屑,没有异味。

2. 发型要大方

发型大方是个人礼仪对发式美的最基本要求。选择发型式样要考虑身份、工作性质和周围环境,尤其要考虑自身的条件,以求与体形、脸型相配,职场中头发不要遮住眼睛和脸,且禁止染成彩色。

(三)肌肤美——整体的妆饰

1. 仪容要干净

要勤洗澡、勤洗脸,脖颈、手都应干干净净,并经常注意去除眼角、口角及鼻孔的分泌物,要换衣服,消除身体异味。

2. 仪容应当整洁

整洁,即整齐洁净、清爽,宜使用清新淡雅的香水。

3. 仪容应当卫生

注意口腔卫生,早晚刷牙,饭后漱口,不随意当人面嚼口香糖;指甲要常剪,头发按时理,不得蓬头垢面,体味熏人,以适合近距离交谈。

4. 仪容应当简约

仪容既要修饰，又忌讳标新立异、"一鸣惊人"，职业着装简练、大方得体最好。

5. 仪容应当端庄

仪容庄重大方，斯文雅气，不仅会给人以美感，而且还容易使自己赢得他人的信任。

二　仪表规范

仪表综合了人的外表，它包括人的形体、容貌、健康状况、姿态、举止、服饰、风度等方面，是人举止风度的外在体现。在日常工作与生活中，人们的仪表非常重要，它反映了一个人的精神状态和礼仪素养，是人们交往中的"第一形象"。天生丽质、风仪秀整的人毕竟是少数，然而，我们却可以依靠化妆修饰、发式造型、着装配饰等手段，弥补和掩盖在容貌、形体等方面的不足，并在视觉上把自身较美的方面展露、衬托和强调出来，使个人形象得以美化。

(一)服饰要求：规范、整洁、统一

1. 男士：上班时间着衬衫，衬衣前后摆包进裤腰内，扣子要扣好，尤其是长袖口的扣子要扣好，切记不能挽袖子、裤腿。特别注意的是应着浅色衬衣，以白色为主，衬衣里的内衣应低领，领子不能露在衬衣领外；不得穿黑色或异彩衬衣。冬季应着深色西服，不得穿休闲装。女士：上班时间规定着职业套装，浅色、简约、大方，并且要与本人的个性、体态特征、职位、企业文化、办公环境等相符合；衣服、饰品、化妆等搭配和谐。

2. 有制服的员工要爱护制服，保持制服干净、整洁、笔挺，上班前应检查是否出现破缝、破边、破洞现象。且要牢记清洁第一，经常换洗制服，不得有异味、污渍，尤其是领子和袖口的清洁。

3. 服装口袋不要放太多太重的物件，否则会令服饰变形。

4. 男士西装上衣口袋不能插笔，亦不能把钥匙挂在腰间皮带上，以免有碍美观。

5. 男士必须着黑皮鞋，要经常擦拭皮鞋，使其保持清洁、光亮。

6. 男士应选深色袜子(黑色、深灰色、深蓝色)，不得穿白色袜子。女员工应选肉色长筒丝袜，不能穿黑色及有花纹、图案的袜子，袜子不能太短以致袜口露出裙外。

7. 上班时间一律不能佩戴变色眼镜、墨镜。

8. 非工作时间不得穿着公司制服，不得佩戴有公司标志的物品出现在公共场所。

(二)应遵循的原则

1. 适体性原则

仪表修饰必须与个体自身的性别、年龄、容貌、肤色、身材、体形、个性、气质及职业身份等相适宜。

工作环境着装要与年龄、形体相协调。如超短裙、白长袜在少女身上显得天真活泼，职业交往中切记不能穿着；偏瘦和偏胖的人不宜穿着过于紧身的衣服，以免欠美之处凸现。

要与职业身份相协调。有一定身份地位的人，服饰不能太随性。如行政、教育、卫生、金融、电信以及服务等行业人士的服饰要求稳重、端庄、清爽，给人以可信赖感；公关人员的服饰不宜性感，否则会带来麻烦，甚至造成伤害；政治家、公众人物的服饰往往成为媒体关注的话题，更不可掉以轻心。

2. 遵循国际 TPO 原则

仪表修饰因时间、地点、场合的变化而相应变化。仪表需与时间、环境氛围、特定场合相协调。

T(Time)表示时间，即穿着要应时。不仅要考虑到时令变换、早晚温差，而且要注意时代要求，尽量避免穿着与季节格格不入的服装。

P(Place)表示场合，即穿着要应地。上班要穿着符合职业要求的服饰，重要社交场合应穿庄重的正装。衣冠不整、低胸露背者委实不宜进入法庭、博物馆之类的庄严场所。

O（Object）表示着装者和着装目的，即穿着要应己。要根据自己的工作性质、社交活动的具体要求，以及自身形象特点来选择服装。

3. 整体性原则

要求仪表修饰先着眼于人的整体，再考虑各个局部的修饰，促成修饰与人自身的诸多因素之间协调一致，使之浑然一体，营造出整体风采。

4. 适度性原则

要求仪表修饰无论是修饰程度，还是在饰品数量和修饰技巧上，都应把握分寸，自然适度，追求虽刻意雕琢而又不露痕迹的效果。

三　仪态风范

仪态，是人的姿势、举止和动作，是人的行为规范。不同国家、民族，以及不同的社会历史背景，对不同阶层和不同特殊群体的仪态都有不同标准或不同要求。在 21 世纪的现代人职场交往中应做到男女平等、举止大方、不卑不亢、优雅自然。

（一）站姿

站姿的总体要求是自然、优美、轻松、挺拔。

女士标准站姿：站立时，身体要端正、挺拔，重心放在两脚中间，挺胸、收腹，两肩要平、放松，两眼自然平视，嘴微闭，面带笑容；双脚应呈"V"字形，双膝与脚后跟均应靠紧；与客人谈话时应上前一步，双手交叉放在体前。

男士标准站姿：双脚可以呈小"V"字形，也可以双脚打开与肩同宽，但应注意不能宽于肩膀；重心放在两脚中间，挺胸、收腹，两肩要平，放松，两眼自然平视，嘴微闭，面带笑容。站立时间过长感到疲劳时，可一只脚向后稍移一步，呈休息状态，但上身仍应保持正直；站立时不得东倒西歪、歪脖、斜肩、弓背、O腿等，双手不得交叉，也不得抱在胸口或插入口袋，不得靠墙或斜倚在其他支撑物上。

图 7-1　标准站姿

图 7-2　错误站姿

用左手拿公文包或文件夹时，右手自然垂下，挺胸收腹，面带微笑；肩膀要平、自然放松，不得东倒西歪。（图7-1、图7-2）

(二)坐姿

坐,也是一种静态造型。端庄优美的坐,会给人以文雅、稳重、自然大方的美感。正确的礼仪坐姿要求"坐如钟",指人的坐姿像座钟般端直,当然这里的端直指上体的端直。(图7-3、图7-4)

优美坐姿要领:

1. 入座时要轻、稳、缓。走到座位前,转身后轻稳地坐下。如果椅子位置不合适,需要挪动椅子的位置,应当先把椅子移至欲就座处,然后入座。而坐在椅子上移动位置,是有违礼仪规范的。

2. 神态从容自如,嘴唇微闭,下颌微收,面容平和自然。

3. 双肩平正放松,两臂自然弯曲放在腿上,亦可放在椅子或是沙发扶手上,以自然得体为宜,掌心向下。

4. 坐在椅子上,要立腰、挺胸,上体自然挺直。

5. 双膝自然并拢,双腿正放或侧放,双脚并拢或交叠或成小"V"字型。男士两膝间可分开一拳左右的距离,脚态可取小八字步或稍分开,以显自然洒脱之美,但不可尽情打开腿脚,那样会显得粗俗和傲慢。如长时间端坐,可双腿交叉重叠,但要注意将上面的腿向回收,脚尖向下。

6. 坐在椅子上,应至少坐满椅子的2/3,宽座沙发则至少坐1/2。落座后,至少10分钟左右时间不要靠椅背,时间久了,可轻靠椅背。

7. 谈话时应根据交谈者方位,将上体双膝侧转向交谈者,上身仍保持挺直,不要出现自卑、恭维、讨好的姿态。讲究礼仪要尊重别人但不能失去自尊。

8. 离座时要自然稳当,右脚向后收半步,而后站起。

9. 女子入座时,若是裙装,应用手将裙子稍稍拢一下,不要坐下后再拉拽衣裙,那样不优雅。正式场合一般从椅子的左边入座,离座时也要从椅子左边离开,这是一种礼貌。女士入座尤其要娴雅、文静、柔美,两腿并拢,双脚同时向左或向右放,两手叠放于左右腿上。如长时间端坐可将两腿交叉重叠,但要注意上面的腿向回收,脚尖向下,以给人高贵、大方之感。

图7-3　标准坐姿

10. 男士、女士需要侧坐时,应当将上身与腿同时转向同一侧,但头部保持向着前方。

11. 作为女士,坐姿的选择还要根据椅子的高低以及有无扶手和靠背,两手、两腿、两脚还可有多种摆法,但两腿叉开,或呈四字形的叠腿方式是很不合适的。

12. 在餐厅就餐时,最得体的入座方式是从左侧入座。当椅子被拉开后,身体在几乎碰到桌子的距离站直,领位者会把椅子推进来,腿弯碰到后面的椅子时,就可以坐下来了。就座后,坐姿应端正,上身可以轻靠椅背。不要用手托腮或将双臂肘放在桌上,不要随意摆弄餐具和餐巾,更要避免一些不合礼仪的举止体态,如随意脱下上衣,摘掉领带,卷起衣袖;说话时比比划划,频频离席,或挪

图7-4　错误坐姿

动座椅;头枕椅背打哈欠,伸懒腰,揉眼睛,搔头发等;用餐时,上臂和背部要靠到椅背,腹部和桌子保持约一个拳头的距离,而两脚交叉的坐姿最好避免。

(三)走姿

走姿的总体要求是自然大方、充满活力、神采奕奕。

行走时身体重心可稍向前倾,昂首、挺胸、收腹,上体要正直,双目平视,嘴微闭,面露笑容,肩部放松,两臂自然下垂摆动,前后幅度约45度,步度要适中,一般标准是一脚踩出落地后,脚跟离未踩出脚脚尖距离大约是自己的脚长。行走前进路线,女士走一字线,双脚跟走成一条直线,步子较小,行如和风;男士行走脚跟走成两条直线迈稳健大步。(图7-5)

图7-5 标准走姿

行走时路线一般靠右行,不可走在路中间。行走过程中遇到客人时,应自然注视对方,点头示意并主动让路,不可抢道而行。如有急事需超越时,应先向客人致歉再加快步伐超越,动作不可过猛;在路面较窄的地方遇到客人时,应将身体正面转向客人;在来宾面前引导时,应尽量走在宾客的侧前方。

行走时不能走"内八字"或"外八字",不应摇头晃脑、左顾右盼、手插口袋、吹口哨、慌张奔跑或与他人勾肩搭背。

正确　　　　正确　　　　错误

图7-6 蹲姿

(四)蹲姿

要拾取低处物品时不能只弯上身、翘臀部,而应采取正确的下蹲和屈膝动作。(图7-6)

1. 正确的蹲姿要领

(1)下蹲拾物时,应自然、得体、大方,不遮遮掩掩;

(2)下蹲时,两腿合力支撑身体,避免滑倒;

(3)下蹲时,应使头、胸、膝关节在一个角度上,使蹲姿优美;

(4)女士无论采用哪种蹲姿,都要将腿靠紧,臀部向下。

2. 注意事项

(1)弯腰捡拾物品时,两腿叉开,臀部向后撅起,是不雅观的姿态。两腿展开平衡下蹲,其姿态也不优雅。

(2)下蹲时注意内衣不可以露,不可以透。

保持正确的蹲姿需要注意三个要点:迅速、美观、大方。若用右手捡东西,可以先走到东西的左边,右脚向后退半步后再蹲下来。脊背保持挺直,臀部一定要蹲下来,避免弯腰翘臀的姿势。男士两腿间可留有适当的缝隙,女士则要两腿并紧,穿旗袍或短裙时需更加留意,以免尴尬。

135

图7-7 接待手势

(五)手势

在商务礼仪待人接物中,要求优雅、含蓄、彬彬有礼。

1. 在职场接待、引路、向客人介绍信息时要使用正确的手势,五指并拢伸直,掌心不可凹陷(女士可稍稍压低食指),掌心向上,以肘关节为轴,眼望目标指引方向,同时应注意客人是否明确所指引的目标。切勿只用食指指指点点,而应采用掌式。(图7-7)

2. 合十礼又称合掌礼,流行于南亚和东南亚信仰佛教的国家。其行礼方法是:两个手掌在胸前对合,掌尖和鼻尖基本相对,手掌向外倾斜,头略低,面带微笑,如图7-8中a图所示。

3. 拱手礼,又叫作揖礼,在我国至少已有2000多年的历史,是我国传统的礼节之一,常在人们相见时采用。即两手握拳,右手抱左手。行礼时,不分尊卑,拱手齐眉,上下加重摇动几下,重礼可作揖后鞠躬。目前,它主要用于佳节团拜活动、元旦春节等节日的相互祝贺,有时也用在开订货会、产品鉴定会等业务会议时,厂长经理拱手致意,如图7-8中b图所示。

图7-8 正确的手势

4. 鞠躬,意思是弯身行礼,是表示对他人敬重的一种礼节。"三鞠躬"称为最敬礼。在我国,鞠躬常用于下级对上级、学生对老师、晚辈对长辈,亦常用于服务人员向宾客致意,演员向观众掌声致谢,如图7-8中c图所示。

5. 举手致意手势,也叫挥手致意,用来向他人表示问候、致敬、感谢。掌心向外,面向对方,指尖朝向上方,张开手掌,轻轻挥动,如图7-8中d图所示。

6. 握手礼仪规范

握手是一种沟通思想、交流感情、增进友谊的重要方式,如图 7-9 所示。

A.握手时要温柔地注视对方的眼睛。

B.脊背要挺直,不要弯腰低头,要大方热情,不卑不亢。

C.长辈或职位高者要先向职位低者伸手。

D.女士要先向男士伸手。

E.作为男士,不能紧握着女士的手不放。

F.不要用湿湿的手去握对方的手。

G.握手的力道要适中,轻描淡写或紧紧抓住不放都是不礼貌的。

7. 递物与接物

递物与接物是生活中常用的一种举止。礼仪的基本要求就是要尊重他人,因此,递物时须用双手,表示对对方的尊重。例如,双方经介绍相识后,常要互相交换名片。递交名片时,应用双手恭敬地递上,且名片的正面应对着对方。在接受他人名片时也应恭敬地用双手捧接,接过名片后要仔细看一遍或有意识地读一下名片的内容,如图 7-10 所示。不可接过名片后看都不看就塞入口袋,或到处乱扔。

图 7-9　规范握手礼仪

图 7-10　递交名片礼仪

四　言谈礼仪

在工作中,普通话是职业语言,标准的普通话要求:一是发音标准;二是语速合适;三是口气谦和;四是内容简明;五是少用方言;六是慎用外语。

电话是各个单位同外界进行联络与沟通的基本工具之一,拨打或接听电话时主要是通过言谈传递基本信息,其中礼貌通话的技巧是打造良好形象的重要因素。

(一)拨打电话

1. 慎选时间。打电话时,如非重要事情,尽量避开受话人休息、用餐的时间,而且最好别在节假日打扰对方。

2. 要掌握通话时间。打电话前,最好先整理好要讲的内容,以便节约通话时间,通常一次通话不应长于3分钟。

3. 要态度友好。通话时不要大喊大叫,震耳欲聋。

4. 要用语规范。通话之初,应先做自我介绍,不要让对方"猜一猜"。请受话人找人或代转时,应说"劳驾"或"麻烦您"。

(二)接听电话

1. 接听及时。一般来说,在办公室里,电话铃响3遍之前就应接听,6遍后就应道歉:"对不起,让您久等了。"

2. 认真确认。对方打来电话,一般会自己主动介绍。如果没有介绍或者你没有听清楚,就应该主动问:"请问您是哪位? 我能为您做什么? 您找哪位? "

3. 少用免提。接听电话时,应注意和话筒保持4厘米左右的距离,要把耳朵贴近话筒,仔细倾听对方的讲话。最后,应让对方先结束电话,然后轻轻把话筒放好。不可"啪……"的一下扔回原处,极不礼貌。

4. 调整心态。亲切、温情的声音会使对方感受到良好的印象,如果绷着脸,声音也会变得冷冰冰。打电话、接电话的时候更不能叼着香烟、嚼着口香糖,声音不宜过大或过小,吐词清晰,保证对方能听明白。

5. 左手接听。便于随时记录有用信息。

(三)代接电话

代别人接电话时要特别注意讲话顺序,首先,要礼貌地告诉对方来历才能问对方是何人,所为何事,但不要询问对方和所找人的关系。

1. 尊重别人隐私。代接电话时,忌远远地大声召唤对方要找的人,不要旁听别人通话、更不要插嘴,且不要随意扩散对方托你转达的事情。

2. 记忆准确要点。如果对方要找的人不在,应先询问对方是否需要代为转告。如对方有此意愿,应照办,最好用笔记下对方要求转达的具体内容,如对方姓名、单位、电话、通话要点等,以免事后忘记,对方讲完后应再与其验证一遍,避免不必要的遗漏。

3. 及时传达内容。代接电话时,要先弄清对方要找谁,如果对方不愿回答自己是谁,也不要勉强。如果对方要找的人不在,要如实相告,然后再询问对方"还有什么事情? "这二者不能颠倒先后次序。之后,要在第一时间把对方想要传达的内容传达到位,不管什么原因,都不能把自己代人转达的内容托他人转告。

(四)使用手机

1. 在一切公共场合,手机在没有使用时,都要放在合乎礼仪的常规位置。放手机的常规位置有:一是随身携带的公文包里;二是上衣的内袋里。不要放在桌子上,特别是不要对着对面正在聊天的客户。

2. 在会议中或和别人洽谈的时候,最好的方式还是把它关掉,或调到震动状态。

3. 公共场合特别是楼梯、电梯、路口、人行道、剧场里、图书馆和医院等地方,不可以旁若无人地使用手机,应该把自己的声音尽可能地压低一下,绝不能大声说话。

(五)礼貌用语

1. 您好! 这里是×××公司×××部(室),请问您找谁?

2. 我就是×××,请问您是哪一位? ……请讲。

3. 请问您有什么事? (有什么能帮您?)

4. 您放心,我会尽力办好这件事。

5. 不用谢,这是我们应该做的。

6. ×××同志不在,我可以替您转告吗?(请您稍后再来电话好吗?)

7. 对不起,这类业务请您向×××部(室)咨询,他们的号码是……。(×××同志不是这个电话号码,他(她)的电话号码是……)

8. 您打错号码了,我是×××公司×××部(室),……没关系。

9. 再见!

10. 您好!请问您是×××单位吗?

11. 我是×××公司×××部(室)×××,请问怎样称呼您?

12. 请帮我找×××同志。

13. 对不起,我打错电话了。

14. 对不起,这个问题……,请留下您的联系电话,我们会尽快给您答复好吗?

(六)交谈礼仪

在与人交谈时,神情要专注,不能双手交叉,身体左右前后晃动,或是摸东摸西给人不耐烦的感觉。眼睛要注视对方的时间最好是谈话时间的2/3。通常注视部位也有所讲究,若注视额头上,属于公务型注视,适用于不太重要的事情和时间不太长的情况下;注视眼睛上,属于关注型;注视唇部,属于社交型。不能斜视和俯视。

在职场交往中还会涉及餐桌礼仪、电梯礼仪和乘车礼仪等诸多场合礼仪规范。细节将决定成败,职业人需要了解相关的东西方文化差异、地方民俗习惯、"主客优先"等礼仪文化才能不失礼。塑造并维护职业形象是每一个职业人都应努力担当的责任。

每一个人的形象,都真实地体现着他的教养和品位;

每一个人的形象,都客观反映了他的精神风貌与生活态度;

每一个人的形象,都如实地展示了他对交往对象所重视的程度;

每一个人的形象,都是其所在单位的整体形象的有机组成部分;

每一个人的形象,在国际交往中,还往往代表着所属国家、所属民族的形象。

把握个人的品位、礼貌、理解、耐性,拥有一个年轻的心态,接受新鲜的事物、变化的时尚、社会的风雨,不断跟上时代的脚步,展现个人的良好品味和个人风格,做个有人格魅力的现代时尚人。

思考与练习

1. 能力训练

项目一:微笑训练

项目二:站姿训练

项目三:走姿训练

项目四:坐姿训练

项目五:蹲姿训练

项目六:手势礼仪训练

项目七:鞠躬礼

项目八:综合训练

2. 礼仪规范模拟训练,包括:电话礼仪、待人接物礼仪等。

3. 礼仪拓展训练,包括:乘车礼仪、电梯礼仪、用餐礼仪等。

高等院校服装专业教程

服饰形象设计

第八章　专题设计实例

教学目标及要点

课题时间:4学时

教学目的:综合前七章所学内容,为身边的人定制一套完整的服饰形象方案;培养学生灵活运用知识的能力以及动手操练能力;并逐步扩展形象设计对象,应对不同的个体需求,准确定位,完美策划。

教学要求:以学生参与实践的教学模式为主,以教师指导为辅。

课前准备:准备职业装、宴会装、休闲度假装等至少三套完整的服饰。

一 专业诊断与定位流程

(一)色彩诊断流程

1. 诊断前期的准备

(1)填写顾客登记表

主要目的是为了对顾客的性格、爱好、整体等特征进行了解和分析。

(2)诊断的基本要求

对外在环境的要求:一般应在自然光线下,如果条件受限制,可在白炽灯下鉴定,要求灯光光源距离人1米以上;室内墙壁以白色为适宜;避免室内温度过高或过低,以免影响被鉴定者的肤色。

对鉴定者的基本要求:应先卸妆,在心态平静的自然状态下参与;应摘下有色隐形眼镜;不宜佩戴首饰;排除染发、纹眉、纹唇线、纹眼线等干扰情况。

2. 诊断过程

(1)用一块纯白色的布料围绕在胸前、面部以下,分析肤色、瞳孔色、发色以及唇色;

(2)将色相相同、冷暖不同的两块色布放在白布之上,观察面部的细微差别,判断出肤色冷暖;

(3)根据肤色的冷暖选择春、秋或夏、冬色卡布再次分析;

(4)通过色相、明度、彩度的不同选择最合适的季节色彩。

3. 提供色彩搭配方案

(1)根据诊断的主色,找出相应的次选色、搭配色;

(2)根据选定的专属色彩群,打造适合的妆容,根据TPO原则设计不同的妆容造型方案;

(3)拍照留存。

(二)风格诊断流程(图8-1)

1. 诊断前期的准备

(1)顾客身穿紧身衣或内衣;

(2)室内测试;

(3)与顾客交谈,了解其穿衣喜好。

2. 诊断过程

(1)观察并测试顾客身体的线条,包括脸型和体形;

(2)观察分析顾客的身材和五官长相的优缺点;

(3)选定顾客的线条曲直;

(4)选定顾客量感的大小;

(5)确定顾客的主要风格。

3. 提供服装风格搭配

(1)列出客户的基本衣橱的规划;

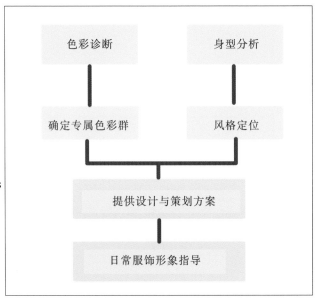

图8-1 风格诊断流程

（2）提供几套不同场合的现场整体搭配方案；

（3）拍照留存。

二 案例分析与示范

例一：

顾客：何MM

描述：脸部线条清晰，五官夸张而立体，身材骨感高大，给人感觉醒目、大气、有存在感，如图8-2所示。

色彩诊断：净冬型

风格诊断：夸张戏剧型

身体线条：直线型

适合的妆容：强化五官，强调立体感，用色浓重夸张。

适合的发型：适合长直发或长卷发，超高的发型。

着装要点：着装可强化领部、腰部的造型，适合尺寸略放大的廓形服装；适合弹力的、悬垂的、硬挺的面料；适合夸张华丽的大图案和颜色对比反差大的几何图案、建筑图案、花卉等；适合高跟鞋，且鞋底要厚重；适合有光泽度的、宽大的饰品。（图8-3）

例二：

顾客：汤MM

描述：脸部线条清晰、五官精致；骨骼偏小、身材骨感；性格活泼、观念超前。给人时尚、个性、古灵精怪的感觉，有朝气，有活力。（图8-4）

色彩诊断：冷夏型

风格诊断：个性前卫

身体线条：直线柔和型

适合的妆容：化妆重点应放在眼部，选择个性化的颜色。

适合的发型：注重时尚感和造型感，拒绝平凡。如时尚的流行烫发或自然微曲、大波浪曲卷、简单束发。

着装要点：牛仔裤、超短上衣、短裙裤、皮服、靴裤；立领、单肩袖、斜裁、混搭、多拉链、多口袋、紧身、露背、铆钉、不对称设计。

适合的面料：对面料的驾驭能力强，如有光泽度的化纤、皮质、图层等，主要体现短小精悍、利落洒脱的特点，在细节上突出差异化。（图8-5）

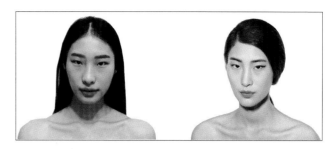

图8-2 妆前与妆后

图8-3 工作场合着装示范

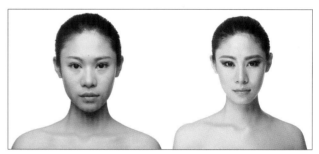

图8-4 妆前与妆后

图8-5 休闲场合着装示范

143

图8-6　妆前与妆后

图8-7　宴会场合着装示范

图8-8　妆前与妆后

例三：

顾客：刘MM

描述：脸部轮廓圆润，五官曲线感强，身材丰满，女人味十足，眼神妩媚迷人，性感夸张而大气，给人浪漫华丽而多情的感觉，如图8-6所示。

色彩诊断：柔春型

风格诊断：性感浪漫型

身体线条：柔和曲线型

适合的妆容：用色不要浓艳，可强调眼影、睫毛和唇彩。

适合的发型：适合大波浪，有体积感、空间感、弹力感的发型。

着装要点：大摆裙、鱼尾裙、花苞裙、吊带衫、阔腿裤、皮草、华丽夸张的晚礼服；多层的、花边、花瓣、飘带、碎褶、蕾丝、刺绣、亮片、珍珠等装饰。（图8-7）

例四：

顾客：梁MM

描述：脸部线条柔美圆润、五官精致，身材富有曲线感，性格温柔内敛，优雅、轻盈、精致、华丽、有女人味，如图8-8所示。

色彩诊断：暖秋型

风格诊断：温婉优雅型

身体线条：曲线型

适合妆容：妆面精致，口红以橘红色、深红色为主，唇部要有光泽感，眉毛要淡化眉峰，强调睫毛弱化眼线，眼影使用大地色系，淡妆为宜。

图8-9　约会场合着装示范

适合发型:头发可披可盘,拒绝粗糙、笨重、中性化,卷发时线条要柔和。

着装要点:适合做工精良,剪裁合体的衣服,领口、衣襟、袖口、口袋等细节上可用花边、褶皱等装饰;服装可选择飘逸的造型、开衫、精致的西装;适合晶莹剔透的茶水晶或金色饰品,中跟或高跟的鞋子,鞋面装饰纤巧。

三 服饰形象策划档案及管理

综合前七章所学习的内容,依据科学的管理体系,建立顾客档案,为后期的服饰形象设计做好资料管理和跟进服务。

定制个人服饰形象设计档案,主要包括五个部分的内容。

第一部分:顾客登记表

表 8-1 顾客登记表

基本情况	姓 名		性 别		出生年月	
	宅 电				移动电话	
	单 位				电子邮件	
	是否会员	是□		否□	会 员 号	

色彩季型	季型	色调	搭配方案
诊断时间_____ 诊断时间_____			

款式风格	主款	副款	搭配方案
诊断时间_____ 诊断时间_____			

建 议	

陪同购物	详 细 记 录			
	1	2	3	4

沙龙会				

是否同意拍摄对比照片	是□		否□	
备 注				

第二部分:色彩诊断报告

(1)女性色彩诊断自测表和统计表(表8-2、表8-3)

(2)个人色彩季型诊断表(表8-4)

表 8-2　女性色彩诊断自测表

请回答下列问题		A	B	C	D
1	您的眼睛的整体感觉	像玻璃珠一样发光	很温柔	很深、很清澈	眼白与瞳孔对比清晰
2	您的头发的整体感觉	亮茶色、深茶色、纤细,并有绢质感	黑而柔软	深茶色	黑色而有光泽
3	您经常使用的腮红颜色	珊瑚粉色	玫粉色	黄橙色	玫瑰色
4	您经常使用的口红颜色	橙色系的粉色	玫瑰粉色	棕色系的红色	酒红色
5	您所穿白色衣服的颜色	有点发黄的象牙白	柔和的白色	带点驼色的白色	纯白色
6	您认为合适的套装配色	高明度的亮色组合	柔和色的组合	彩度高的浓色组合	对比鲜明的配色
7	您的套装多什么颜色	明亮柔和的颜色	柔和的烟灰色	时尚而稳重的颜色	活泼的颜色
8	您所喜欢的面料颜色	浅绿色	蓝灰色	砖红色	深蓝色
9	您所喜欢的图案颜色	亮绿松石蓝	紫色	金黄色	玫瑰色
10	您喜欢哪件 T 恤的颜色	黄色	天蓝色	咖啡色	刺眼的粉色
11	您现在所用提包的颜色	驼色	浅灰色	咖啡色	黑色
12	您所喜欢的珍珠颜色	珊瑚色	紫色	金黄色	白色

表 8-3　统计表

问题	A	B	C	D
1				
2				
3				
4				
5				
6				
7				
8				
9				
10				
11				
12				
合计				
结果				

　　以上答案只供色彩顾问参考,判断季型主要在于色布测试。

注:色彩顾问存档

表 8-4　个人色彩季型诊断表

姓名_____　　诊断日期_____　　诊断顾问_____

一、人体色特征

皮　肤

皮肤的明度类别				
高明度 ☐	中高明度 ☐	中明度 ☐	中低明度 ☐	低明度 ☐

肤色的表象				
象牙白 ☐	浅象牙白 ☐	小麦色 ☐	冷白色 ☐	
乳白色 ☐	米白色 ☐	黄褐色 ☐	驼色 ☐	

红　晕

红晕的现象		
有红晕 ☐	中度红晕 ☐	无红晕 ☐

红晕的颜色			
珊瑚粉 ☐	水粉色 ☐	桃粉色 ☐	玫瑰粉 ☐

眼　睛

眼睛颜色			
浅棕色 ☐	棕黄色 ☐	棕色 ☐	深棕色 ☐
焦茶色 ☐	玫瑰棕色 ☐	黑色 ☐	灰黑色 ☐

眼白颜色				
湖蓝色 ☐	浅湖蓝色 ☐	乳白色 ☐	冷白色 ☐	柔白色 ☐

眼神状态						
轻盈 ☐	灵动 ☐	柔和 ☐	稳重 ☐	对比 ☐	明亮 ☐	深沉 ☐

眼睛的纯度类别				
高纯度 ☐	中高纯度 ☐	中纯度 ☐	中低纯度 ☐	低纯度 ☐

毛　发

浅棕 ☐	深棕色 ☐	棕色 ☐	黑色 ☐
茶色 ☐	灰黑色 ☐	棕黄色 ☐	

注：色彩顾问存档

147

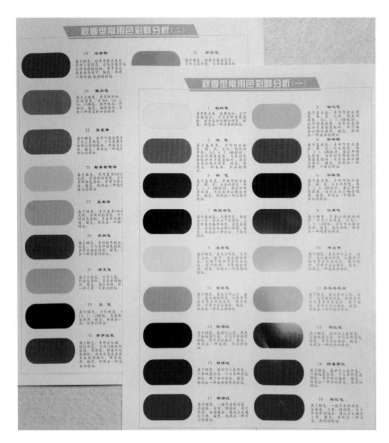

图 8-10　季型常用色彩群分析

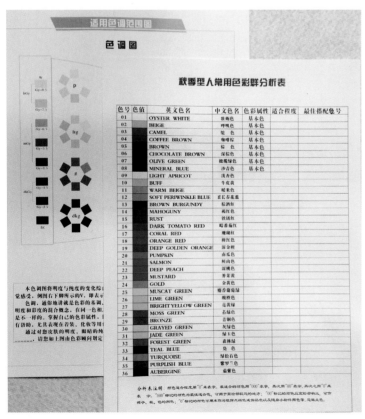

图 8-11　季型适用色调范围图

(3)季型常用色彩群分析图(图 8-10)

(4)季型适用色调范围图(图 8-11)

(5)季型诊断鉴定表

第三部分:风格诊断报告

(1)个人风格诊断表

(2)款式风格诊断表

第四部分:妆容诊断报告

(1)妆面特征分析图(图 8-12)

(2)妆面定型报告书

第五部分：定制个人服饰形象设计方案

(1)服装搭配指导方案(图 8-13)

(2)配饰搭配指导方案(图 8-14)

(3)TPO 场合妆容方案

依次可参考以下表格内容建立档案，也可根据实际情况修改或自行设计表格；服饰形象设计指导方案亦根据每年的流行趋势做相应的变化，以下表格仅供参考。(表 8-5~表 8-9)

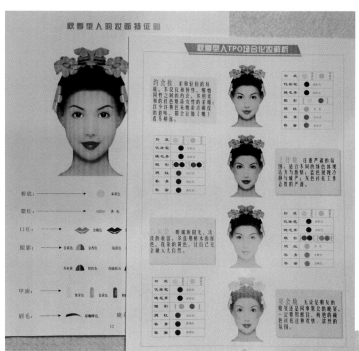

图 8-12　妆面特征分析图

图 8-13　服装搭配指导方案

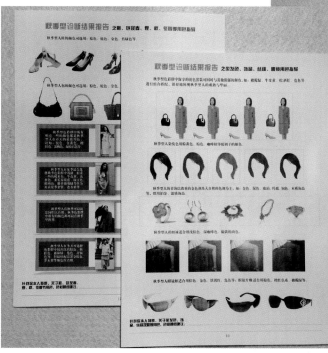

图 8-14　配饰搭配指导方案

表 8-5　个人色彩季型诊断表

二、色布比较(1)

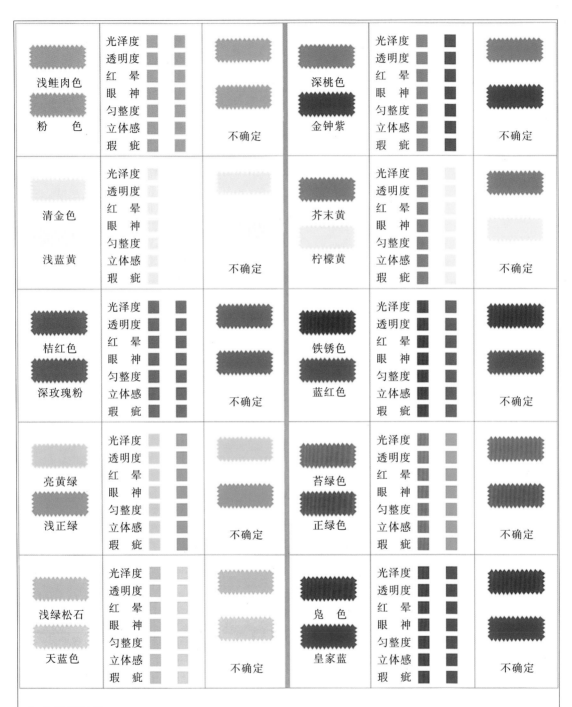

初步验证结论：

注：色彩顾问存档

150

色布比较(2)

浅鲑肉色	深桃色	不确定	粉 色	金钟紫	不确定
清金色	芥末黄	不确定	浅蓝黄	柠檬黄	不确定
桔红色	铁锈红	不确定	深玫瑰粉	蓝红色	不确定
亮黄绿	苔绿色	不确定	浅正绿	正绿色	不确定
浅绿松石	凫 色	不确定	天蓝色	皇家蓝	不确定

经验证后最终结果

经过对_____本人的皮肤、红晕、眼睛、毛发等体色特征的仔细观察,以及通过专业季型诊断色布在其皮肤上变化的比较对照,做出本表的记录,依据这些记录,结合四季色彩理论,最终确定_____其皮肤色彩属性为_____季型,色调为_____,确定的色彩搭配方案为_____。

色彩顾问:_____

诊断日期:_____

注:色彩顾问存档

表 8-6　季型诊断结果鉴定书

尊敬的_____女士/先生:

专业色彩顾问经过对您皮肤、红晕、眼睛、毛发等体色特征的仔细观察,以及通过专业季型诊断色布在您皮肤上变化的比较对照,诊断出您的皮肤色彩属于_____季型,色调为_____,搭配方案为_____。

具体着装方式请参考《季型诊断结果报告》。

表 8-7　个人风格诊断表

顾客姓名_____　　　诊断时间_____　　　诊断顾问_____

一、人体"型"特征

轮廓诊断

脸　型	直线_____	中间_____	曲线_____
体　型	直线_____	中间_____	曲线_____
眼　神	直线_____	中间_____	曲线_____

轮廓诊断

面　部	小量感_____	中间_____	大量感_____
身　材	小量感_____	中间_____	大量感_____
眼　神	小量感_____	中间_____	大量感_____

成熟度诊断

成熟度	相对成熟_____	中间_____	相对年轻化_____

二、动态"型"特征

轮廓诊断

语　调	直线_____	中间_____	曲线_____
姿　势	直线_____	中间_____	曲线_____
肢体语言	直线_____	中间_____	曲线_____

轮廓诊断

语　调	小量感_____	中间_____	大量感_____
姿　势	小量感_____	中间_____	大量感_____
肢体语言	小量感_____	中间_____	大量感_____

成熟度诊断

成熟度	相对成熟_____	中间_____	相对年轻化_____

三、鉴定工具

款式风格诊断色布	1. 戏剧型　适合 □　不适合 □	5. 少年型　适合 □　不适合 □
	2. 古典型　适合 □　不适合 □	6. 少女型　适合 □　不适合 □
	3. 自然型　适合 □　不适合 □	7. 浪漫型　适合 □　不适合 □
	4. 前卫型　适合 □　不适合 □	8. 优雅型　适合 □　不适合 □

注：色彩顾问存档

表 8-8 款式风格诊断表

直曲量感 领型工具	1. 直线型  □  □	2. 曲线型  □  □
款式风格 领型工具	1. 戏剧型 □ □ 2. 古典型 □ □ 3. 自然型 □ □ 4. 前卫型 □ □	5. 少年型 □ □ 6. 少女型 □ □ 7. 浪漫型 □ □ 8. 优雅型 □ □

四、综合分析调整

性格	
职业特征及对 着装特别需求	

五、顾客款式风格规律

尊敬的_____女士/先生:

专业的色彩顾问经过对您面部、身体、眼神、肢体语言等的仔细观察,以及通过专业风格诊断工具的比较对照,诊断出您的风格属于_____

_____着装类型为_____

_____

注:色彩顾问存档

表 8-9　妆面定型报告书

日期＿＿＿＿＿＿＿　　咨询顾问＿＿＿＿＿＿＿＿

化妆方法							
	蛋形脸	心形脸	长形脸	圆形脸	洋梨形脸	钻石形脸	方形脸
眉毛画法							
眼影画法							
腮红画法							
唇型修饰							
脸型修饰							
化妆步骤							
睫毛画法							
眼线画法							
化妆重点							

思考与练习

1. 为 5~10 位不同年龄、职业的女性朋友作诊断和判断，为其提供服饰形象设计建议。

2. 选择其中"春""夏""秋""冬"、色彩十二季型或八大人物风格的任意不同类型的 4 位，按教学要求全程提供服饰形象设计，亲自动手为其打造完整的服饰形象设计方案，并建立较为齐全的档案资料。

图书在版编目(CIP)数据

服饰形象设计 / 郭丽编著. -- 重庆：西南师范大
学出版社，2015.7
ISBN 978-7-5621-7445-5

Ⅰ.①服… Ⅱ.①郭… Ⅲ.①服饰–设计–高等学校
–教材　Ⅳ.①TS941.2

中国版本图书馆 CIP 数据核字(2015)第 115013 号

高 等 院 校 服 装 专 业 教 程

服饰形象设计

郭　丽　编著

责任编辑：王　煤
装帧设计：梅木子
出版发行：西南师范大学出版社
　　　　　中国·重庆·西南大学校内
　　　　　邮编：400715
　　　　　网址：www.xscbs.com
经　　销：新华书店
制　　版：重庆海阔特数码分色彩印有限公司
印　　刷：重庆康豪彩印有限公司
开　　本：889mm×1194mm　1/16
印　　张：10.25
字　　数：210 千字
版　　次：2015 年 10 月第 1 版
印　　次：2015 年 10 月第 1 次印刷
书　　号：ISBN 978-7-5621-7445-5

定　　价：49.00 元